Spring Boot实战
Spring Boot in Action

[美] Craig Walls 著

丁雪丰 译

人民邮电出版社

北京

图书在版编目（CIP）数据

Spring Boot实战 ／（美）克雷格·沃斯（Craig Walls）著；丁雪丰译. -- 北京：人民邮电出版社，2016.9（2023.5重印）
（图灵程序设计丛书）
ISBN 978-7-115-43314-5

Ⅰ. ①S… Ⅱ. ①克… ②丁… Ⅲ. ①JAVA语言-程序设计 Ⅳ. ①TP312.8

中国版本图书馆CIP数据核字(2016)第193197号

内 容 提 要

本书以 Spring 应用程序开发为中心，全面讲解如何运用 Spring Boot 提高效率，使应用程序的开发和管理更加轻松有趣。作者行文亲切流畅，以大量示例讲解了 Spring Boot 在各类情境中的应用，内容涵盖起步依赖、Spring Boot CLI、Groovy、Grails、Actuator。对于 Spring Boot 开发应用中较为繁琐的内容，附录奉上整理完毕的表格，一目了然，方便读者查阅。

本书适合全体 Java 开发人员。

◆ 著　　　　[美] Craig Walls
　 译　　　　丁雪丰
　 责任编辑　朱　巍
　 执行编辑　张　憬
　 责任印制　彭志环

◆ 人民邮电出版社出版发行　北京市丰台区成寿寺路 11 号
　 邮编 100164　电子邮件 315@ptpress.com.cn
　 网址 http://www.ptpress.com.cn
　 固安县铭成印刷有限公司印刷

◆ 开本：800×1000　1/16
　 印张：14　　　　　　　　　　　　　2016年9月第 1 版
　 字数：331千字　　　　　　　　　　2023年5月河北第 34 次印刷

著作权合同登记号　图字：01-2016-4638号

定价：69.80元
读者服务热线：(010)84084456-6009　印装质量热线：(010)81055316
反盗版热线：(010)81055315
广告经营许可证：京东市监广登字 20170147 号

版 权 声 明

Original English language edition, entitled *Spring Boot in Action* by Craig Walls, published by Manning Publications. 178 South Hill Drive, Westampton, NJ 08060 USA. Copyright © 2016 by Manning Publications.

Simplified Chinese language edition, copyright © 2016 by Posts & Telecom Press, All rights reserved.

本书中文简体字版由Manning Publications授权人民邮电出版社独家出版。未经出版者书面许可，不得以任何方式复制或抄袭本书内容。

版权所有，侵权必究。

译者序

时光回到2004年，Spring Framework 1.0正式发布，同年，Rod Johnson的*Expert one-on-one J2EE Development without EJB*一经出版就震撼了整个Java世界。不知不觉，12年就这么过去了，Spring已然成为Java应用开发的事实标准，影响着无数Java开发者。

刚才打开Spring的官网，已经能看到Spring Framework 5.0.0 SNAPSHOT的身影了，而Spring的家族也早就不再是Spring Framework一枝独秀，Spring Data、Spring Batch、Spring Security等一大堆名字让人看得眼花缭乱。其中最引人瞩目的无疑就是Spring Boot了，它正是本书的主角。

Spring Boot从无数知名企业的实践中吸取经验，总结并落实到框架中。如果说Spring Framework的目标是帮助开发者写出好的系统，那Spring Boot的目标就是帮助开发者用更少的代码，更快地写出好的生产系统。

Spring Boot为开发者带来了更好的开发体验，但写完代码只是完成了一小步，后续的运维工作才是让很多人真正感到无助的。Spring Boot在运维方面做了很多工作，部署、监控、度量，无一不在其涉猎范围之内，结合Spring Cloud后还可以轻松地实现服务发现、服务降级等功能。

2014年，Spring Source的Josh Long在向我介绍Spring Boot时，我不断重复一句话："这个功能我们也做了。"的确，国内的百度、阿里、腾讯，国外的Amazon、Facebook、Twitter、Netflix等一票大公司都在框架和系统建设上有大量投入，为了提升性能和可用性，大家做了很多卓有成效的工作。现在，Spring Boot让人人都能享受业内顶级公司的"福利"，站在巨人的肩膀之上，想想都让人觉得兴奋。

说起为何想要翻译本书，那只能说是缘分使然。笔者当年在机缘巧合之下与Spring结缘，也因它结识了很多朋友。毫不夸张地说，是Spring开启了我的作译者生涯，先后参与了Spring官方文档、《Spring专业开发指南》和《Spring攻略》的翻译。

本以为在完成了30岁前每年翻译一本书的目标后，我应该不会再去翻译什么东西了，甚至在向图灵的编辑推荐本书时，我都没有想到最后会是自己来翻译这本书。不得不感叹一声，缘分就是如此妙不可言的东西。相信后续Spring Boot会有更好地发展，因为它牢牢抓住了开发者的需求。Craig的《Spring实战》已经到了第4版，本书应该也会有第2版，此时此刻正捧着本书的您会成为它的译者吗？至少让我们一起来为自己喜欢的技术贡献一份力量吧。

丁雪丰
2016年7月于上海

序

2014年春天，Netflix的交付工程团队开始着手实现一个伟大的目标——通过一个软件平台来实现端到端的全局持续交付，该平台有利于系统的可扩展性及弹性。为了满足Netflix的交付与部署需要，我的团队曾构建了两套不同的应用程序，但这两套应用程序都有演变成庞然大物的趋势，而且都没能满足灵活性和弹性的目标。更重要的是，这些庞大的应用程序最终还拖了我们的后腿，让我们跟不上合作伙伴的创新步伐。用户开始回避我们的工具，而不是使用它们。

很明显，如果想要向公司证明自己的真正价值并快速创新，我们需要把庞然大物分解成小的独立服务，这些服务要能随时发布。拥抱微服务架构给我们带来了希望，让我们能实现灵活性与弹性的双重目标。但是我们需要在一个可靠的基础上实现这一架构，它要能实现真正的并发、合理的监控、可靠易用的服务发现，运行时还要有极好的性能。

我们要在JVM上寻找一款框架，它要直接提供快速开发的能力和强大的运维能力。最终，我们找到了Spring Boot。

Spring Boot能用寥寥数行代码构建一套基于Spring并满足生产要求的服务，不费吹灰之力！实际上，一个简单的Spring Boot Hello World应用程序能放进一条推文里，这在短短几年之前还是完全不可能的事情。它还自带了不少非功能性的特性，比如安全、度量、健康检查、内嵌服务器和外置配置，这些都让选择Spring Boot成为了一件顺理成章的事情。

然而，踏上Spring Boot之旅后，我们却发现手头没有好的文档。要搞明白怎么利用好框架的特性，只能依靠源码，这可不是个让人愉快的办法。

Manning那本著名的《Spring实战》的作者再度接受挑战，将Spring Boot的核心用法写成了另一本好书，对此我一点都不吃惊。毫无疑问，Craig和Manning的团队又做成了一件了不起的大事！正如我们所料，《Spring Boot实战》是一本通俗易懂的好书。

从第1章引人入胜的介绍以及富有传奇色彩的90字符推文应用程序，一直到第7章对Spring Boot的Actuator（提供了很多生产应用程序所需的神奇的运维特性）的深度分析，《Spring Boot实战》做到了知无不言，言无不尽。实际上，对我而言，第7章对Actuator的深度分析解答了不少问题，这些问题自一年多以前我开始使用Spring Boot后，就一直萦绕在我的脑海里。第8章对部署选项的透彻研究让我大开眼界，了解到Cloud Foundry在云部署方面是如此简便。第4章是我最喜欢的章节之一，Craig揭示了很多强大的选项，它们能很方便地测试Spring Boot应用程序。从一开始我就惊喜于Spring的测试特性，而Spring Boot将它们发挥得淋漓尽致。

正如上文中我所说的那样，Spring Boot正是十几年来Java社区所探寻的那种框架。它那简单易用的开发特性和开箱即用的运维能力，让Java开发再度趣味横生。我欣然向大家宣布，Spring和Spring Boot已经成为了Netflix新持续交付平台的基础。而且，Netflix的其他团队也参考了我们的做法，因为他们也看到了Spring Boot的巨大益处。

我怀着兴奋与激动的心情，向大家强烈推荐Craig的书。作为Spring Boot的文档，本书可谓通俗易懂、趣味横生，是Spring Boot征服Java社区后，大家翘首以盼的佳作。Craig浅显易懂的写作风格，对Spring Boot核心特性与功能的全面分析，一定能让读者对Spring Boot有个彻底的认识（而且在满心欢喜的同时还肃然起敬）。

Craig加油！Manning出版社加油！那些开发出Spring Boot的天才开发者们加油！请你们一定坚持下去！正是你们确保了JVM的光明未来。

Andrew Glover
Netflix交付工程团队经理

前　言

在1964年的纽约世界博览会上,沃特·迪士尼向世界介绍了三件有开创意义的东西:"小小世界"(it's a small world)、"与林肯先生共度的伟大时刻"(Great Moments with Mr. Lincoln)以及"文明演进之旋转木马"(Carousel of Progress)。所有这三样东西随后都搬进了迪士尼乐园和迪士尼世界,你今天仍能看见它们。

其中,我最喜欢的是"文明演进之旋转木马",这大约也是沃特·迪士尼的最爱之一。这既是骑行,又是舞台表演,座位区域围绕着中心区域旋转,上演四场表演,讲述了一个家庭在20世纪不同时代(分别是20世纪初、20世纪20年代、20世纪40年代和近年)的故事,突出了不同年代技术的进步。从手摇洗衣机,到电灯和收音机,到自动洗碗机和电视,再到电脑和声控家电,无一不在述说着创新的故事。

在每幕表演中,父亲(也是演出的叙述者)都会讲述最新的发明,并带上一句"这玩意儿不能更好了",到头来却发现随着技术的进步,它的确变得更好了。

比起这场舞台演出,Spring的历史要短得多。但是对于Spring,我的感受和"演进老爹"(Progress Dad)对20世纪的体会相似。似乎每个Spring应用程序都让开发者的生活更上一个台阶,仅从Spring组件的声明和织入方式就能看出端倪。让我们来看看Spring历史中的一些演化历程。

- Spring 1.0的出现彻底改变了我们开发企业级Java应用程序的方式。Spring的依赖注入与声明式事务意味着组件之间再也不存在紧耦合,再也不用重量级的EJB了。这玩意儿不能更好了。
- 到了Spring 2.0,我们可以在配置里使用自定义的XML命名空间,更小、更简单易懂的配置文件让Spring本身更便于使用。这玩意儿不能更好了。
- Spring 2.5让我们有了更优雅的面向注解的依赖注入模型(即`@Component`和`@Autowired`注解),以及面向注解的Spring MVC编程模型。不用再去显式地声明应用程序组件了,也不再需要去继承某个基础的控制器类了。这玩意儿不能更好了。
- 到了Spring 3.0,我们有了一套基于Java的全新配置,它能够取代XML。在Spring 3.1里,一系列以`@Enable`开头的注解进一步完善了这一特性。终于,我们第一次可以写出一个没有任何XML配置的Spring应用程序了。这玩意儿不能更好了。
- Spring 4.0对条件化配置提供了支持,根据应用程序的Classpath、环境和其他因素,运行时决策将决定使用哪些配置,忽略哪些配置。那些决策不需要在构建时通过编写脚本确定了;以前会把选好的配置放在部署的包里,现在情况不同了。这玩意儿不能更好了。

现在轮到Spring Boot了。虽然Spring的每个版本都让我们觉得一切都不能更好了，但Spring Boot还是向我们证明了Spring仍然有巨大的潜力。事实上，我相信Spring Boot是长久以来Java开发历程里最意义深刻、激动人心的东西。

以历代Spring Framework的进步为基础，Spring Boot实现了自动配置，这让Spring能够智能探测正在构建何种应用程序，自动配置必要的组件以满足应用程序的需要。对于那些常见的配置场景，不再需要显式地编写配置了，Spring会替你料理好一切。

选择在构建时和运行时要包含在应用程序里的库，往往要花费不少工夫，而Spring Boot的起步依赖（starter dependency）将常用依赖聚合在一起，借此简化一切。它不仅简化了你的构建说明，还让你不必苦思冥想特定库和版本。

针对使用Groovy来开发Spring应用程序，Spring Boot的命令行界面提供了一个令人瞩目的选项，它将Java应用程序开发过程中的噪声降到最低，开发方式平易近人。有了Spring Boot CLI，就不再需要访问方法了，不再需要诸如`public`与`private`之类的访问修饰符，也不再需要分号或者`return`关键字。在许多场景中，`import`语句都可以去掉。因为你是在命令行里以脚本方式运行应用程序，所以连构建说明都能免了。

Spring Boot的Actuator让你能一窥应用程序运行时的内部工作细节，看看Spring应用程序上下文里都有哪些Bean，Spring MVC控制器是怎么与路径映射的，应用程序都能取到哪些配置属性，诸如此类。

Spring Boot为我们带来了这么多奇妙的特性，这玩意儿当然不能更好了！

本书中你将看到，Spring Boot着实让Spring比以前更好了。我们将一同去了解自动配置、Spring Boot起步依赖、Spring Boot CLI和Actuator。我们还会去摆弄一下Grails的最新版本，它就是基于Spring Boot的。临近末尾，你也许会觉得Spring不可能更好了。

如果说迪士尼的"文明演进之旋转木马"告诉了我们什么事情，那就是当我们觉得什么东西不可能更好了的时候，它一定会变得更好。Spring Boot的进步正在带来越来越大的益处。真的难以想象Spring还能变得更好，但它肯定会更好。毫无疑问，Spring的前景总是美好的。

关于本书

Spring Boot旨在简化Spring的开发，就这点而论，Spring Boot涉及了Spring的方方面面。用一本书讲清楚Spring Boot的所有用法是不可能的，因为这必须涵盖Spring本身所支持的各种技术。所以《Spring Boot实战》把Spring Boot大致分为4个主题：自动配置、起步依赖、命令行界面和Actuator。书中还会讲到一些必要的Spring特性，但重点还是在Spring Boot上。

《Spring Boot实战》面向的是全体Java开发者。虽然读者需要有一些Spring背景，但Spring Boot让那些新接触Spring的人也更容易上手。然而，因为本书的重点是Spring Boot，不会深入Spring本身，所以手边再准备一本Spring读物也许效果会更好，比如说《Spring实战（第4版）》。

章节安排

《Spring Boot实战》全书分为8章。

- 第1章会对Spring Boot进行概述，内容涵盖最基本的自动配置、起步依赖、命令行界面和Actuator。
- 第2章会进一步深入Spring Boot，重点介绍自动配置和起步依赖。在这一章里，你将用很少的显式配置来构建一个完整的Spring应用程序。
- 第3章是对第2章的补充，演示了如何通过设置应用程序属性来改变自动配置，或者在自动配置无法满足需要时彻底覆盖它。
- 在第4章里我们会看到如何为Spring Boot应用程序编写自动化集成测试。
- 在第5章里你将看到一种有别于传统Java开发方式的做法，Spring Boot CLI能让你通过命令行来运行应用程序，这个应用程序完全是由Groovy脚本构成的。
- 讲到Groovy，第6章会介绍Grails 3，这是Grails框架的最新版本，它基于Spring Boot。
- 在第7章里你将看到如何通过Spring Boot的Actuator了解运行中的应用程序，以及它是如何工作的。你还会看到如何使用Actuator的Web端点、远程shell和JMX MBean对应用程序一窥究竟。
- 第8章讨论了各种部署Spring Boot应用程序的方法，包括传统的应用程序服务器部署和云部署。

编码规范及代码下载

书中包含了很多代码示例，这些代码使用了等宽字体，如`DispatcherServlet`。正文中出现的所有类名、方法名或者是XML片段也会用这种字体。不少Spring的类和包的名字都特别长（但是一目了然），因此在需要时会使用续行符（➥）。书中的代码并非都是完整的，通常我只会就某个特定主题摘出类中的一两个方法。

你可以在Manning出版社的网站上下载书中应用程序的完整代码，地址是www.manning.com/books/spring-boot-in-action。

作者在线

购买本书的读者还能免费访问Manning出版社的私有Web论坛，在那里你能就本书发表评论，询问技术问题，向作者以及其他用户寻求帮助。如需访问并订阅该论坛，请打开浏览器访问www.manning.com/books/spring-boot-in-action。该页面提供了详细的信息，告诉你在注册后如何访问论坛，论坛里都能提供哪些帮助，以及论坛的管理规则。

Manning向读者承诺，为读者与读者之间以及读者与作者之间的沟通建立桥梁。但Manning并不保证作者在论坛中的参与程度，他们在论坛上投入多少精力是全凭自愿的（并且是无偿的）。我们强烈建议你向作者问些有挑战性的问题，让他有兴趣留在论坛里。

只要本书仍在销售，你就能在出版商的网站上查找作者在线论坛及其讨论归档。

关于封面图

本书封面上的插画题为"喀山鞑靼民族服饰"（Habit of a Tartar in Kasan），喀山是俄罗斯联邦鞑靼斯坦共和国首府。这幅图选自Thomas Jefferys的《各国古代和现代服饰集》（*A Collection of the Dresses of Different Nations, Ancient and Modern*，共四卷，1757—1772年间出版于伦敦），该书扉页中谈到，这些插画都是手工上色、铜版雕刻，还用了阿拉伯树胶。Thomas Jefferys（1719—1771）被誉为"乔治三世国王的御用地理学家"（Geographer to King George III）。他是一名英国地图制图师，是当时地图行业的领导者。他为政府和其他官方机构雕刻并印刷地图，还制作了各种不同的商用地图和地图集，尤其是北美洲地图。地图制图师的工作引发了他调研当地民族服饰的兴趣，这一兴趣在这套服饰集里体现得淋漓尽致。

着迷于远方的大陆，为了消遣而去旅行，这在18世纪晚期还是相对新鲜的现象，而像这套服饰集这样的合集在当时非常流行，向观光客和足不出户的"游客"介绍其他国家的居民。Jefferys著作中异彩纷呈的图画生动地描绘了200年前世界各国的特色。自那以后，服饰文化发生了变化，各个国家与地区之间一度非常丰富的多样性已逐渐消失。现在，不同大洲的居民往往很难通过服饰来分辨了。也许，我们该乐观一点儿，我们用文化和视觉上的多样性换来了更多样的人生，或者说是更多样、更有趣、更智能的科技人生。

在很难从外观上分辨不同计算机读物的年代里，Manning出版社脱颖而出，在图书封面上采用了两个世纪以前各地居民丰富多样的形象，以此体现了计算机行业别出心裁、独具创新的特性。这些都得归功于Jeffreys的绘画。

电子书

扫描如下二维码，即可购买本书电子版。

致　　谢

本书将告诉你Spring Boot如何自动处理应用程序幕后的各种杂事，让你专注于做那些使应用程序独特的工作。从很多方面来说，这和本书的诞生经历非常类似。很多人帮我操心了不少事情，让我能专心撰写本书的内容。我要感谢Manning出版社的Cynthia Kane、Robert Casazza、Andy Carroll、Corbin Collins、Kevin Sullivan、Mary Piergies、Janet Vail、Ozren Harlovic以及Candace Gillhoolley，他们做了很多幕后工作。

编写测试能让你知道自己的软件是否实现了目标。同样，很多人在本书撰写过程中就审稿并提供了反馈意见，他们让我确信本书没有偏离方向。为此，我要感谢Aykut Acikel、Bachir Chihani、Eric Kramer、Francesco Persico、Furkan Kamaci、Gregor Zurowski、Mario Arias、Michael A. Angelo、Mykel Alvis、Norbert Kuchenmeister、Phil Whiles、Raphael Villela、Sam Kreter、Travis Nelson、Wilfredo R. Ronsini Jr.以及William Fly。还要特别感谢John Guthrie在原稿即将付印前的最终技术审校，也感谢Andrew Glover为本书作序。

当然，如果没有Spring团队中各位天才成员的杰出工作，本书就不可能也不必问世。你们太棒了！能成为改变软件开发方式的团队的成员，我十分激动。

我还要感谢所有参加了No Fluff/Just Stuff活动的人，无论是演讲嘉宾还是出席的听众。我们之间的对话某种程度上也促成了本书。

没有那些组成文字的字母，像这样的书也不可能出现。因此，就和我之前的书一样，我想借此机会感谢发明第一个字母表的腓尼基人。

最后，我要隆重感谢我的挚爱，我美丽的妻子Raymie，还有我了不起的女儿Maisy和Madi。你们又一次忍受我从事一个写作项目。现在，书写完了，我们该去迪士尼世界了，你们说呢？

目 录

第 1 章 入门 ... 1
1.1 Spring 风云再起 ... 1
1.1.1 重新认识 Spring ... 2
1.1.2 Spring Boot 精要 ... 3
1.1.3 Spring Boot 不是什么 ... 6
1.2 Spring Boot 入门 ... 6
1.2.1 安装 Spring Boot CLI ... 7
1.2.2 使用 Spring Initializr 初始化 Spring Boot 项目 ... 10
1.3 小结 ... 18

第 2 章 开发第一个应用程序 ... 19
2.1 运用 Spring Boot ... 19
2.1.1 查看初始化的 Spring Boot 新项目 ... 21
2.1.2 Spring Boot 项目构建过程解析 ... 24
2.2 使用起步依赖 ... 27
2.2.1 指定基于功能的依赖 ... 28
2.2.2 覆盖起步依赖引入的传递依赖 ... 29
2.3 使用自动配置 ... 30
2.3.1 专注于应用程序功能 ... 31
2.3.2 运行应用程序 ... 36
2.3.3 刚刚发生了什么 ... 38
2.4 小结 ... 41

第 3 章 自定义配置 ... 42
3.1 覆盖 Spring Boot 自动配置 ... 42
3.1.1 保护应用程序 ... 43
3.1.2 创建自定义的安全配置 ... 44
3.1.3 掀开自动配置的神秘面纱 ... 48

3.2 通过属性文件外置配置 ... 49
3.2.1 自动配置微调 ... 50
3.2.2 应用程序 Bean 的配置外置 ... 55
3.2.3 使用 Profile 进行配置 ... 59
3.3 定制应用程序错误页面 ... 62
3.4 小结 ... 64

第 4 章 测试 ... 66
4.1 集成测试自动配置 ... 66
4.2 测试 Web 应用程序 ... 68
4.2.1 模拟 Spring MVC ... 69
4.2.2 测试 Web 安全 ... 72
4.3 测试运行中的应用程序 ... 74
4.3.1 用随机端口启动服务器 ... 75
4.3.2 使用 Selenium 测试 HTML 页面 ... 76
4.4 小结 ... 78

第 5 章 Groovy 与 Spring Boot CLI ... 80
5.1 开发 Spring Boot CLI 应用程序 ... 80
5.1.1 设置 CLI 项目 ... 81
5.1.2 通过 Groovy 消除代码噪声 ... 81
5.1.3 发生了什么 ... 85
5.2 获取依赖 ... 86
5.2.1 覆盖默认依赖版本 ... 87
5.2.2 添加依赖仓库 ... 88
5.3 用 CLI 运行测试 ... 89
5.4 创建可部署的产物 ... 91
5.5 小结 ... 91

第 6 章 在 Spring Boot 中使用 Grails ... 93
6.1 使用 GORM 进行数据持久化 ... 93

6.2 使用 Groovy Server Pages 定义视图……98
6.3 结合 Spring Boot 与 Grails 3……100
    6.3.1 创建新的 Grails 项目……100
    6.3.2 定义领域模型……103
    6.3.3 开发 Grails 控制器……104
    6.3.4 创建视图……105
6.4 小结……107

第 7 章 深入 Actuator……108

7.1 揭秘 Actuator 的端点……108
    7.1.1 查看配置明细……109
    7.1.2 运行时度量……115
    7.1.3 关闭应用程序……121
    7.1.4 获取应用信息……121
7.2 连接 Actuator 的远程 shell……122
    7.2.1 查看 autoconfig 报告……123
    7.2.2 列出应用程序的 Bean……124
    7.2.3 查看应用程序的度量信息……124
    7.2.4 调用 Actuator 端点……125
7.3 通过 JMX 监控应用程序……126
7.4 定制 Actuator……128
    7.4.1 修改端点 ID……128
    7.4.2 启用和禁用端点……129
    7.4.3 添加自定义度量信息……129
    7.4.4 创建自定义跟踪仓库……132
    7.4.5 插入自定义健康指示器……134
7.5 保护 Actuator 端点……136
7.6 小结……138

第 8 章 部署 Spring Boot 应用程序……139

8.1 衡量多种部署方式……139
8.2 部署到应用服务器……140
    8.2.1 构建 WAR 文件……141
    8.2.2 创建生产 Profile……142
    8.2.3 开启数据库迁移……145
8.3 推上云端……150
    8.3.1 部署到 Cloud Foundry……150
    8.3.2 部署到 Heroku……153
8.4 小结……155

附录 A　Spring Boot 开发者工具……157

附录 B　Spring Boot 起步依赖……163

附录 C　配置属性……169

附录 D　Spring Boot 依赖……202

第 1 章 入门

本章内容
- Spring Boot简化Spring应用程序开发
- Spring Boot的基本特性
- Spring Boot工作区的设置

Spring Framework已有十余年的历史了,已成为Java应用程序开发框架的事实标准。在如此悠久的历史背景下,有人可能会认为Spring放慢了脚步,躺在了自己的荣誉簿上,再也做不出什么新鲜的东西,或者是让人激动的东西。甚至有人说,Spring是遗留项目,是时候去看看其他创新的东西了。

这些人说得不对。

Spring的生态圈里正在出现很多让人激动的新鲜事物,涉及的领域涵盖云计算、大数据、无模式的数据持久化、响应式编程以及客户端应用程序开发。

在过去的一年多时间里,最让人兴奋、回头率最高、最能改变游戏规则的东西,大概就是Spring Boot了。Spring Boot提供了一种新的编程范式,能在最小的阻力下开发Spring应用程序。有了它,你可以更加敏捷地开发Spring应用程序,专注于应用程序的功能,不用在Spring的配置上多花功夫,甚至完全不用配置。实际上,Spring Boot的一项重要工作就是让Spring不再成为你成功路上的绊脚石。

本书将探索Spring Boot开发的诸多方面,但在开始前,我们先大概了解一下Spring Boot的功能。

1.1 Spring 风云再起

Spring诞生时是Java企业版(Java Enterprise Edition,JEE,也称J2EE)的轻量级代替品。无需开发重量级的Enterprise JavaBean(EJB),Spring为企业级Java开发提供了一种相对简单的方法,通过依赖注入和面向切面编程,用简单的Java对象(Plain Old Java Object,POJO)实现了EJB的功能。

虽然Spring的组件代码是轻量级的,但它的配置却是重量级的。一开始,Spring用XML配置,而且是很多XML配置。Spring 2.5引入了基于注解的组件扫描,这消除了大量针对应用程序自身组件的显式XML配置。Spring 3.0引入了基于Java的配置，这是一种类型安全的可重构配置方式，可以代替XML。

尽管如此，我们依旧没能逃脱配置的魔爪。开启某些Spring特性时，比如事务管理和Spring MVC，还是需要用XML或Java进行显式配置。启用第三方库时也需要显式配置，比如基于Thymeleaf的Web视图。配置Servlet和过滤器（比如Spring的`DispatcherServlet`）同样需要在web.xml或Servlet初始化代码里进行显式配置。组件扫描减少了配置量，Java配置让它看上去简洁不少，但Spring还是需要不少配置。

所有这些配置都代表了开发时的损耗。因为在思考Spring特性配置和解决业务问题之间需要进行思维切换，所以写配置挤占了写应用程序逻辑的时间。和所有框架一样，Spring实用，但与此同时它要求的回报也不少。

除此之外，项目的依赖管理也是件吃力不讨好的事情。决定项目里要用哪些库就已经够让人头痛的了，你还要知道这些库的哪个版本和其他库不会有冲突，这难题实在太棘手。

并且，依赖管理也是一种损耗，添加依赖不是写应用程序代码。一旦选错了依赖的版本，随之而来的不兼容问题毫无疑问会是生产力杀手。

Spring Boot让这一切成为了过去。

1.1.1 重新认识 Spring

假设你受命用Spring开发一个简单的Hello World Web应用程序。你该做什么？我能想到一些基本的需要。

- 一个项目结构，其中有一个包含必要依赖的Maven或者Gradle构建文件，最起码要有Spring MVC和Servlet API这些依赖。
- 一个web.xml文件（或者一个`WebApplicationInitializer`实现），其中声明了Spring的`DispatcherServlet`。
- 一个启用了Spring MVC的Spring配置。
- 一个控制器类，以"Hello World"响应HTTP请求。
- 一个用于部署应用程序的Web应用服务器，比如Tomcat。

最让人难以接受的是，这份清单里只有一个东西是和Hello World功能相关的，即控制器，剩下的都是Spring开发的Web应用程序必需的通用样板。既然所有Spring Web应用程序都要用到它们，那为什么还要你来提供这些东西呢？

假设这里只需要控制器。代码清单1-1所示基于Groovy的控制器类就是一个简单而完整的Spring应用程序。

代码清单1-1　一个完整的基于Groovy的Spring应用程序

```
@RestController
class HelloController {

  @RequestMapping("/")
```

```
def hello() {
  return "Hello World"
}
```
}

这里没有配置,没有web.xml,没有构建说明,甚至没有应用服务器,但这就是整个应用程序了。Spring Boot会搞定执行应用程序所需的各种后勤工作,你只要搞定应用程序的代码就好。

假设你已经装好了Spring Boot的命令行界面(Command Line Interface,CLI),可以像下面这样在命令行里运行`HelloController`:

```
$ spring run HelloController.groovy
```

想必你已经注意到了,这里甚至没有编译代码,Spring Boot CLI可以运行未经编译的代码。

之所以选择用Groovy来写这个控制器示例,是因为Groovy语言的简洁与Spring Boot的简洁有异曲同工之妙。但Spring Boot并不强制要求使用Groovy。实际上,本书中的很多代码都是用Java写的,但在恰当的时候,偶尔也会出现一些Groovy代码。

不要客气,直接跳到1.2.1节吧,看看如何安装Spring Boot CLI,这样你就能试着编写这个小小的Web应用程序了。现在,你将看到Spring Boot的关键部分,看到它是如何改变Spring应用程序的开发方式的。

1.1.2 Spring Boot 精要

Spring Boot将很多魔法带入了Spring应用程序的开发之中,其中最重要的是以下四个核心。
- 自动配置:针对很多Spring应用程序常见的应用功能,Spring Boot能自动提供相关配置。
- 起步依赖:告诉Spring Boot需要什么功能,它就能引入需要的库。
- 命令行界面:这是Spring Boot的可选特性,借此你只需写代码就能完成完整的应用程序,无需传统项目构建。
- Actuator:让你能够深入运行中的Spring Boot应用程序,一探究竟。

每一个特性都在通过自己的方式简化Spring应用程序的开发。本书会探寻如何将它们发挥到极致,但就目前而言,先简单看看它们都提供了哪些功能吧。

1. 自动配置

在任何Spring应用程序的源代码里,你都会找到Java配置或XML配置(抑或两者皆有),它们为应用程序开启了特定的特性和功能。举个例子,如果你写过用JDBC访问关系型数据库的应用程序,那你一定在Spring应用程序上下文里配置过`JdbcTemplate`这个Bean。我打赌那段配置看起来是这样的:

```
@Bean
public JdbcTemplate jdbcTemplate(DataSource dataSource) {
  return new JdbcTemplate(dataSource);
}
```

这段非常简单的Bean声明创建了一个`JdbcTemplate`的实例，注入了一个`DataSource`依赖。当然，这意味着你还需要配置一个`DataSource`的Bean，这样才能满足依赖。假设你将配置一个嵌入式H2数据库作为`DataSource` Bean，完成这个配置场景的代码大概是这样的：

```
@Bean
public DataSource dataSource() {
  return new EmbeddedDatabaseBuilder()
        .setType(EmbeddedDatabaseType.H2)
        .addScripts('schema.sql', 'data.sql')
        .build();
}
```

这个Bean配置方法创建了一个嵌入式数据库，并指定在该数据库上执行两段SQL脚本。`build()`方法返回了一个指向该数据库的引用。

这两个Bean配置方法都不复杂，也不是很长，但它们只是典型Spring应用程序配置的一小部分。除此之外，还有无数Spring应用程序有着完全相同的方法。所有需要用到嵌入式数据库和`JdbcTemplate`的应用程序都会用到那些方法。简而言之，这就是一个样板配置。

既然它如此常见，那为什么还要你去写呢？

Spring Boot会为这些常见配置场景进行自动配置。如果Spring Boot在应用程序的Classpath里发现H2数据库的库，那么它就自动配置一个嵌入式H2数据库。如果在Classpath里发现`JdbcTemplate`，那么它还会为你配置一个`JdbcTemplate`的Bean。你无需操心那些Bean的配置，Spring Boot会做好准备，随时都能将其注入到你的Bean里。

Spring Boot的自动配置远不止嵌入式数据库和`JdbcTemplate`，它有大把的办法帮你减轻配置负担，这些自动配置涉及Java持久化API（Java Persistence API，JPA）、Thymeleaf模板、安全和Spring MVC。第2章会深入讨论自动配置这个话题。

2. 起步依赖

向项目中添加依赖是件富有挑战的事。你需要什么库？它的Group和Artifact是什么？你需要哪个版本？哪个版本不会和项目中的其他依赖发生冲突？

Spring Boot通过起步依赖为项目的依赖管理提供帮助。起步依赖其实就是特殊的Maven依赖和Gradle依赖，利用了传递依赖解析，把常用库聚合在一起，组成了几个为特定功能而定制的依赖。

举个例子，假设你正在用Spring MVC构造一个REST API，并将JSON（JavaScript Object Notation）作为资源表述。此外，你还想运用遵循JSR-303规范的声明式校验，并使用嵌入式的Tomcat服务器来提供服务。要实现以上目标，你在Maven或Gradle里至少需要以下8个依赖：

- org.springframework:spring-core
- org.springframework:spring-web
- org.springframework:spring-webmvc
- com.fasterxml.jackson.core:jackson-databind
- org.hibernate:hibernate-validator

- `org.apache.tomcat.embed:tomcat-embed-core`
- `org.apache.tomcat.embed:tomcat-embed-el`
- `org.apache.tomcat.embed:tomcat-embed-logging-juli`

不过，如果打算利用Spring Boot的起步依赖，你只需添加Spring Boot的Web起步依赖（`org.springframework.boot:spring-boot-starter-web`）[①]，仅此一个。它会根据依赖传递把其他所需依赖引入项目里，你都不用考虑它们。

比起减少依赖数量，起步依赖还引入了一些微妙的变化。向项目中添加了Web起步依赖，实际上指定了应用程序所需的一类功能。因为应用是个Web应用程序，所以加入了Web起步依赖。与之类似，如果应用程序要用到JPA持久化，那么就可以加入JPA起步依赖。如果需要安全功能，那就加入security起步依赖。简而言之，你不再需要考虑支持某种功能要用什么库了，引入相关起步依赖就行。

此外，Spring Boot的起步依赖还把你从"需要这些库的哪些版本"这个问题里解放了出来。起步依赖引入的库的版本都是经过测试的，因此你可以完全放心，它们之间不会出现不兼容的情况。

和自动配置一样，第2章就会深入讨论起步依赖。

3. 命令行界面

除了自动配置和起步依赖，Spring Boot还提供了一种很有意思的新方法，可以快速开发Spring应用程序。正如之前在1.1节里看到的那样，Spring Boot CLI让只写代码即可实现应用程序成为可能。

Spring Boot CLI利用了起步依赖和自动配置，让你专注于代码本身。不仅如此，你是否注意到代码清单1-1里没有`import`？CLI如何知道`RequestMapping`和`RestController`来自哪个包呢？说到这个问题，那些类最终又是怎么跑到Classpath里的呢？

说得简单一点，CLI能检测到你使用了哪些类，它知道要向Classpath中添加哪些起步依赖才能让它运转起来。一旦那些依赖出现在Classpath中，一系列自动配置就会接踵而来，确保启用`DispatcherServlet`和Spring MVC，这样控制器就能响应HTTP请求了。

Spring Boot CLI是Spring Boot的非必要组成部分。虽然它为Spring带来了惊人的力量，大大简化了开发，但也引入了一套不太常规的开发模型。要是这种开发模型与你的口味相去甚远，那也没关系，抛开CLI，你还是可以利用Spring Boot提供的其他东西。不过如果喜欢CLI，你一定想看看第5章，其中深入探讨了Spring Boot CLI。

4. Actuator

Spring Boot的最后一块"拼图"是Actuator，其他几个部分旨在简化Spring开发，而Actuator则要提供在运行时检视应用程序内部情况的能力。安装了Actuator就能窥探应用程序的内部情况了，包括如下细节：

- Spring应用程序上下文里配置的Bean

[①] Spring Boot起步依赖基本都以`spring-boot-starter`打头，随后是直接代表其功能的名字，比如`web`、`test`，下文出现起步依赖的名字时，可能就直接用其前缀后的单词来表示了。——译者注

- Spring Boot的自动配置做的决策
- 应用程序取到的环境变量、系统属性、配置属性和命令行参数
- 应用程序里线程的当前状态
- 应用程序最近处理过的HTTP请求的追踪情况
- 各种和内存用量、垃圾回收、Web请求以及数据源用量相关的指标

Actuator通过Web端点和shell界面向外界提供信息。如果要借助shell界面，你可以打开SSH（Secure Shell），登入运行中的应用程序，发送指令查看它的情况。

第7章会详细探索Actuator的功能。

1.1.3　Spring Boot 不是什么

因为Spring Boot实在是太惊艳了，所以过去一年多的时间里有不少和它相关的言论。原先听到或看到的东西可能给你造成了一些误解，继续学习本书前应该先澄清这些误会。

首先，Spring Boot不是应用服务器。这个误解是这样产生的：Spring Boot可以把Web应用程序变为可自执行的JAR文件，不用部署到传统Java应用服务器里就能在命令行里运行。Spring Boot在应用程序里嵌入了一个Servlet容器（Tomcat、Jetty或Undertow），以此实现这一功能。但这是内嵌的Servlet容器提供的功能，不是Spring Boot实现的。

与之类似，Spring Boot也没有实现诸如JPA或JMS（Java Message Service，Java消息服务）之类的企业级Java规范。它的确支持不少企业级Java规范，但是要在Spring里自动配置支持那些特性的Bean。例如，Spring Boot没有实现JPA，不过它自动配置了某个JPA实现（比如Hibernate）的Bean，以此支持JPA。

最后，Spring Boot没有引入任何形式的代码生成，而是利用了Spring 4的条件化配置特性，以及Maven和Gradle提供的传递依赖解析，以此实现Spring应用程序上下文里的自动配置。

简而言之，从本质上来说，Spring Boot就是Spring，它做了那些没有它你自己也会去做的Spring Bean配置。谢天谢地，幸好有Spring，你不用再写这些样板配置了，可以专注于应用程序的逻辑，这些才是应用程序独一无二的东西。

现在，你应该对Spring Boot有了大概的认识，是时候构建你的第一个Spring Boot应用程序了。先从重要的事情开始，该怎么入手呢？

1.2　Spring Boot 入门

从根本上来说，Spring Boot的项目只是普通的Spring项目，只是它们正好用到了Spring Boot的起步依赖和自动配置而已。因此，那些你早已熟悉的从头创建Spring项目的技术或工具，都能用于Spring Boot项目。然而，还是有一些简便的途径可以用来开启一个新的Spring Boot项目。

最快的方法就是安装Spring Boot CLI，安装后就可以开始写代码，如代码清单1-1，接着通过CLI来运行就好。

1.2.1 安装 Spring Boot CLI

如前文所述,Spring Boot CLI提供了一种有趣的、不同寻常的Spring应用程序开发方式。第5章里会详细解释CLI提供的功能。这里先来看看如何安装Spring Boot CLI,这样才能运行代码清单1-1。

Spring Boot CLI有好几种安装方式。
- 用下载的分发包进行安装。
- 用Groovy Environment Manager进行安装。
- 通过OS X Homebrew进行安装。
- 使用MacPorts进行安装。

我们分别看一下这几种方式。除此之外,还要了解如何安装Spring Boot CLI的命令行补全支持,如果你在BASH或zsh shell里使用CLI,这会非常有用(抱歉了,各位Windows用户)。先来看看如何用分发包手工安装Spring Boot CLI吧。

1. 手工安装Spring Boot CLI

安装Spring Boot CLI最直接的方法大约是下载、解压,随后将它的bin目录添加到系统路径里。你可以从以下两个地址下载分发包:

- http://repo.spring.io/release/org/springframework/boot/spring-boot-cli/1.3.0.RELEASE/spring-boot-cli-1.3.0.RELEASE-bin.zip
- http://repo.spring.io/release/org/springframework/boot/spring-boot-cli/1.3.0.RELEASE/spring-boot-cli-1.3.0.RELEASE-bin.tar.gz

下载完成之后,把它解压到文件系统的任意目录里。在解压后的目录里,你会找到一个bin目录,其中包含了一个spring.bat脚本(用于Windows环境)和一个spring.sh脚本(用于Unix环境)。把这个bin目录添加到系统路径里,然后就能使用Spring Boot CLI了。

> **为Spring Boot建立符号链接** 如果是在安装了Unix的机器上使用Spring Boot CLI,最好建立一个指向解压目录的符号链接,然后把这个符号链接添加到系统路径,而不是实际的目录。这样后续升级Spring Boot新版本,或是转换版本,都会很方便,只要重建一下符号链接,指向新版本就好了。

你可以先浅尝辄止,看看你所安装的CLI版本号:

```
$ spring --version
```

如果一切正常,你会看到安装好的Spring Boot CLI的版本号。

虽然这是手工安装,但一切都很容易,而且不要求你安装任何附加的东西。如果你是Windows用户,也别无选择,这是唯一的安装方式。但如果你使用的是Unix机器,而且想要稍微自动化一点的方式,那么可以试试Software Development Kit Manager。

2. 使用Software Development Kit Manager进行安装

软件开发工具管理包(Software Development Kit Manager,SDKMAN,曾用简称GVM)也

能用来安装和管理多版本Spring Boot CLI。使用前，你需要先从http://sdkman.io获取并安装SDKMAN。最简单的安装方式是使用命令行：

```
$ curl -s get.sdkman.io | bash
```

跟随输出的指示就能完成SDKMAN的安装。在我的机器上，我在命令行里执行了如下命令：

```
$ source "/Users/habuma/.sdkman/bin/sdkman-init.sh"
```

注意，用户不同，这条命令也会有所不同。我的用户目录是/Users/habuma，因此这也是shell脚本的根路径。你需要根据实际情况稍作调整。一旦安装好了SDKMAN，就可以用下面的方式来安装Spring Boot CLI了：

```
$ sdk install springboot
$ spring --version
```

假设一切正常，你将看到Spring Boot的当前版本号。

如果想升级新版本的Spring Boot CLI，只需安装并使用即可。使用SDKMAN的`list`命令可以找到可用的版本：

```
$ sdk list springboot
```

`list`命令列出了所有可用版本，包括已经安装的和正在使用的。从中选择一个进行安装，然后就可以正常使用。举例来说，要安装Spring Boot CLI 1.3.0.RELEASE，直接使用`install`命令，指定版本号：

```
$ sdk install springboot 1.3.0.RELEASE
```

这样就会安装一个新版本，随后你会被询问是否将其设置为默认版本。要是你不想把它作为默认版本，或者想要切换到另一个版本，可以用`use`命令：

```
$ sdk use springboot 1.3.0.RELEASE
```

如果你希望把那个版本作为所有shell的默认版本，可以使用`default`命令：

```
$ sdk default springboot 1.3.0.RELEASE
```

使用SDKMAN来管理Spring Boot CLI有一个好处，你可以便捷地在Spring Boot的不同版本之间切换。这样你可以在正式发布前试用快照版本（snapshot）、里程碑版本（milestone）和尚未正式发布的候选版本（release candidate），试用后再切回稳定版本进行其他工作。

3. 使用Homebrew进行安装

如果要在OS X的机器上进行开发，你还可以用Homebrew来安装Spring Boot CLI。Homebrew是OS X的包管理器，用于安装多种不同应用程序和工具。要安装Homebrew，最简单的方法就是运行安装用的Ruby脚本：

```
ruby -e "$(curl -fsSL https://raw.githubusercontent.com/Homebrew/install/
    master/install)"
```

你可以在http://brew.sh看到更多关于Homebrew的内容（还有安装方法）。

要用Homebrew来安装Spring Boot CLI，你需要引入Pivotal的tap[①]：

```
$ brew tap pivotal/tap
```

在有了Pivotal的tap后，就可以像下面这样安装Spring Boot CLI了：

```
$ brew install springboot
```

Homebrew会把Spring Boot CLI安装到/usr/local/bin，之后可以直接使用。可以通过检查版本号来验证安装是否成功：

```
$ spring --version
```

这条命令应该会返回刚才安装的Spring Boot版本号。你也可以运行代码清单1-1看看。

4. 使用MacPorts进行安装

OS X用户还有另一种安装Spring Boot CLI的方法，即使用MacPorts，这是Mac OS X上另一个流行的安装工具。要使用MacPorts来安装Spring Boot CLI，必须先安装MacPorts，而MacPorts还要求安装Xcode。此外，使用不同版本的OS X时，MacPorts的安装步骤也会有所不同。因此我建议你根据https://www.macports.org/install.php的安装指南来安装MacPorts。

一旦安装好了MacPorts，就可以用以下命令来安装Spring Boot CLI了：

```
$ sudo port install spring-boot-cli
```

MacPorts会把Spring Boot CLI安装到/opt/local/share/java/spring-boot-cli，并在/opt/local/bin里放一个指向其可执行文件的符号链接。在安装MacPorts后，/opt/local/bin这个目录应该就在系统路径里了。你可以检查版本号来验证安装是否成功：

```
$ spring --version
```

这条命令应该会返回刚才安装的Spring Boot的版本号。你也可以运行代码清单1-1，看看效果如何。

5. 开启命令行补全

Spring Boot CLI为基于CLI的应用程序的运行、打包和测试提供了一套好用的命令。而且，每个命令都有好多选项。要记住这些东西实属不易，命令行补全能帮助记忆怎么使用Spring Boot CLI。

如果用Homebrew安装Spring Boot CLI，那么命令行补全已经安装完毕。但如果是手工安装或者用SDKMAN安装的，那就需要执行脚本或者手工安装。（如果是通过MacPorts安装的Spring Boot CLI，那么你不必考虑命令行补全。）

你可以在Spring Boot CLI安装目录的shell-completion子目录里找到补全脚本。有两个不同的脚本，一个是针对BASH的，另一个是针对zsh的。要使用BASH的补全脚本，可以在命令行里键入以下命令（假设安装时用的是SDKMAN）：

```
$ . ~/.sdkman/springboot/current/shell-completion/bash/spring
```

[①] tap是向Homebrew添加额外仓库的一种途径。Pivotal是Spring及Spring Boot背后的公司，通过它的tap可以安装Spring Boot。

这样，在当前的shell里就可以使用Spring Boot CLI的补全功能了，但每次开启一个新的shell都要重新执行一次上面的命令才行。你也可以把这个脚本复制到你的个人或系统脚本目录里，这个目录的位置在不同的Unix里也会有所不同，可以参考系统文档（或Google）了解细节。

开启了命令行补全之后，在命令行里键入spring命令，然后按Tab键就能看到下一步该输什么的提示。选中一个命令后，键入--（两个连字符）后再按Tab，就会显示出该命令的选项列表。

如果你在Windows上进行开发，或者没有用BASH或zsh，那就无缘使用这些命令行补全脚本了。尽管如此，如果你用的是Spring Boot CLI的shell，那一样也有命令补全：

```
$ spring shell
```

和BASH、zsh的命令补全脚本（在BASH/zsh shell里执行的）不同，Spring Boot CLI shell会新开一个特别针对Spring Boot的shell，在里面可以执行各种CLI命令，Tab键也能有命令补全。

Spring Boot CLI为Spring Boot提供了快速上手和构建简单原型应用程序的途径。稍后将在第8章中讲到，在正确的生产运行时环境下，它也能用于开发生产应用程序。

尽管如此，与大部分Java项目的开发相比，Spring Boot CLI的流程还是不太符合常规。通常情况下，Java项目用Gradle或Maven这样的工具构建出WAR文件，再把这些文件部署到应用服务器里。即便CLI模型让你感到不太舒服，你仍然可以在传统方式下充分利用大部分Spring Boot特性。[①]Spring Initializr可以成为你万里长征的第一步。

1.2.2 使用 Spring Initializr 初始化 Spring Boot 项目

万事开头难，你需要设置一个目录结构存放各种项目内容，创建构建文件，并在其中加入各种依赖。Spring Boot CLI消除了不少设置工作，但如果你更倾向于传统Java项目结构，那你应该看看Spring Initializr。

Spring Initializr从本质上来说就是一个Web应用程序，它能为你生成Spring Boot项目结构。虽然不能生成应用程序代码，但它能为你提供一个基本的项目结构，以及一个用于构建代码的Maven或Gradle构建说明文件。你只需要写应用程序的代码就好了。

Spring Initializr有几种用法。

- 通过Web界面使用。
- 通过Spring Tool Suite使用。
- 通过IntelliJ IDEA使用。
- 使用Spring Boot CLI使用。

下面分别看看这几种用法，先从Web界面开始。

1. 使用Spring Initializr的Web界面

要使用Spring Initializr，最直接的办法就是用浏览器打开http://start.spring.io，你应该能看到类似图1-1的一个表单。

[①] 只是要放弃那些用到Groovy语言灵活性的特性，比如自动依赖和import解析。

表单的头两个问题是，你想用Maven还是Gradle来构建项目，以及使用Spring Boot的哪个版本。程序默认生成Maven项目，并使用Spring Boot的最新版本（非里程碑和快照版本），但你也可以自由选择其他选项。

表单左侧要你指定项目的一些基本信息。最起码你要提供项目的Group和Artifact，但如果你点击了"Switch to the full version"链接，还可以指定额外的信息，比如版本号和基础包名。这些信息是用来生成Maven的pom.xml文件（或者Gradle的build.gradle文件）的。

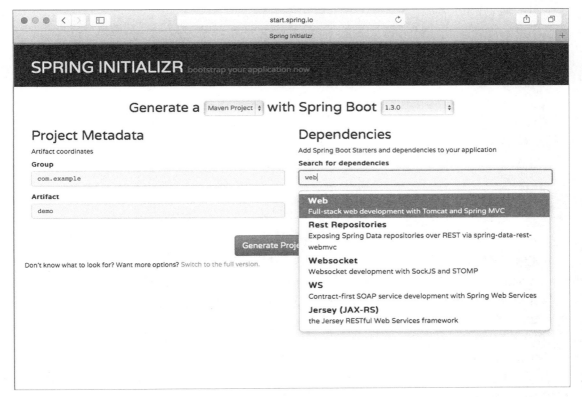

图1-1　Spring Initializr是生成空Spring项目的Web应用程序，可以视为开发过程的第一步

表单右侧要你指定项目依赖，最简单的方法就是在文本框里键入依赖的名称。随着你的输入会出现匹配依赖的列表，选中一个（或多个）依赖，选中的依赖就会加入项目。如果找不到你要的依赖，点击"Switch to the full version"就能看到可用依赖的完整列表。

要是你瞄过一眼附录B，就会发现这里的依赖和Spring Boot起步依赖是对应的。实际上，在这里选中依赖，就相当于告诉Initializr把对应的起步依赖加到项目的构建文件里。（第2章会进一步讨论Spring Boot起步依赖。）

填完表单，选好依赖，点击"Generate Project"按钮，Spring Initializr就会为你生成一个项目。浏览器将会以ZIP文件的形式（文件名取决于Artifact字段的内容）把这个项目下载下来。根据你的选择，ZIP文件的内容也会略有不同。不管怎样，ZIP文件都会包含一个极其基础的项目，让你能着手使用Spring Boot开发应用程序。

举例来说，假设你在Spring Initializr里指定了如下信息。
- Artifact：myapp
- 包名：myapp
- 类型：Gradle项目
- 依赖：Web和JPA

点击"Generate Project"，就能获得一个名为myapp.zip的ZIP文件。解压后的项目结构同图1-2类似。

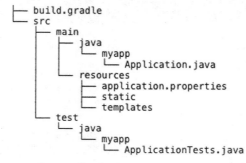

图1-2　Initializr创建的项目，提供了构建Spring Boot应用程序所需的基本内容

如你所见，项目里基本没有代码，除了几个空目录外，还包含了如下几样东西。
- build.gradle：Gradle构建说明文件。如果选择Maven项目，这就会换成pom.xml。
- `Application.java`：一个带有`main()`方法的类，用于引导启动应用程序。
- `ApplicationTests.java`：一个空的JUnit测试类，它加载了一个使用Spring Boot自动配置功能的Spring应用程序上下文。
- application.properties：一个空的properties文件，你可以根据需要添加配置属性。

在Spring Boot应用程序中，就连空目录都有自己的意义。static目录放置的是Web应用程序的静态内容（JavaScript、样式表、图片，等等）。还有，稍后你将看到，用于呈现模型数据的模板会放在templates目录里。

你很可能会把Initializr生成的项目导入IDE。如果你用的IDE是Spring Tool Suite，则可以直接在IDE里创建项目。下面来看看Spring Tool Suite是怎么创建Spring Boot项目的。

2. 在Spring Tool Suite里创建Spring Boot项目

长久以来，Spring Tool Suite[①]一直都是开发Spring应用程序的不二之选。从3.4.0版本开始，它就集成了Spring Initializr，这让它成为开始上手Spring Boot的好方法。

---

① Spring Tool Suite是Eclipse IDE的一个发行版，增加了诸多能辅助Spring开发的特性。你可以从http://spring.io/tools/sts 下载Spring Tool Suite。

要在Spring Tool Suite里创建新的Spring Boot应用程序，在File菜单里选中New > Spring Starter Project菜单项，随后Spring Tool Suite会显示一个与图1-3相仿的对话框。

如你所见，这个对话框要求填写的信息和Spring Initializr的Web界面里是一样的。事实上，你在这里提供的数据会被发送给Spring Initializr，用于创建项目ZIP文件，这和使用Web表单是一样的。

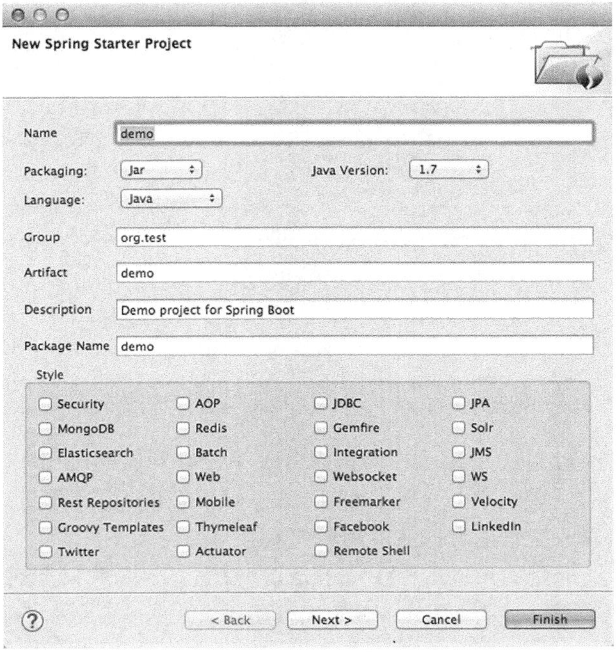

图1-3 Spring Tool Suite集成了Spring Initializr，可以在IDE里创建并直接导入Spring Boot项目

如果你想在文件系统上指定项目创建的位置，或者把它加入IDE里的特定工作集，就点击Next按钮。你会看到第二个对话框，如图1-4所示。

Location指定了文件系统上项目的存放位置。如果你使用Eclipse的工作集来组织项目，那么也可以勾上Add Project to Working Sets这个复选框，选择一个工作集，这样就能把项目加入指定的工作集了。

Site Info部分简单描述了将要用来访问Initializr的URL，大多数情况下你都可以忽略这部分内容。然而，如果要部署自己的Initializr服务器（从https://github.com/spring-io/initializr复制代码即可），你可以在这里设置Initializr基础URL。

点击Finish按钮后，项目的生成和导入过程就开始了。你必须认识到一点，Spring Tool Suite的Spring Starter Project对话框，其实是把项目生成的工作委托给http://start.spring.io上的Spring Initializr来做的，因此必须联网才能使用这一功能。

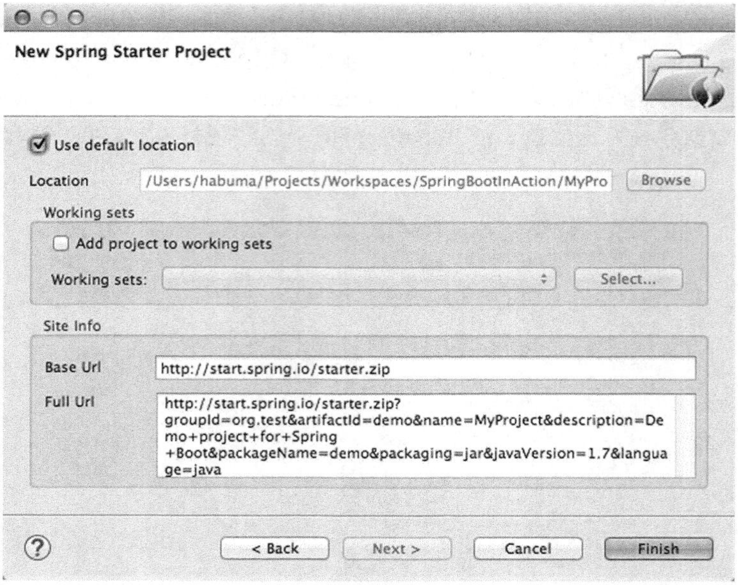

图1-4 Spring Starter Project对话框的第2页可以让你指定在哪里创建项目

一旦把项目导入工作空间，应用程序就可以开发了。在开发的过程中，你会发现Spring Tool Suite针对Spring Boot还有一些锦上添花的功能。比如，可以在Run菜单里选中Run As > Spring Boot Application，在嵌入式服务器里运行你的应用程序。

注意，Spring Tool Suite是通过REST API与Initializr交互的，因此只有连上Initializr它才能正常工作。如果你的开发机离线，或者Initializr被防火墙阻断了，那么Spring Tool Suite的Spring Starter Project向导是无法使用的。

3. 在IntelliJ IDEA里创建Spring Boot项目

IntelliJ IDEA是非常流行的IDE，IntelliJ IDEA 14.1已经支持Spring Boot了！[①]

要在IntelliJ IDEA里创建新的Spring Boot应用程序，在File菜单里选择New > Project。你会看到几屏内容（图1-5是第一屏），问的问题和Initializr的Web应用程序以及Spring Tool Suite类似。

在首先显示的这一屏中，在左侧项目选择里选中Spring Initializr，随后会提示你选择一个Project SDK（基本上就是这个项目要用的Java SDK），同时选择Initializr Web服务的位置。除非你在使用自己的Initializr，否则应该不做任何修改直接点Next按钮，之后就到了图1-6。

---

① 你可以从https://www.jetbrains.com/idea/获取IntelliJ IDEA。它是一款商业IDE，这意味着你需要付费使用。但是你可以下载试用版，它对开源项目免费。

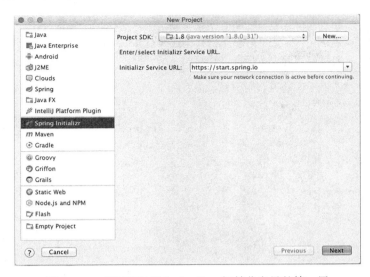

图1-5　IntelliJ IDEA里Spring Boot初始化向导的第一屏

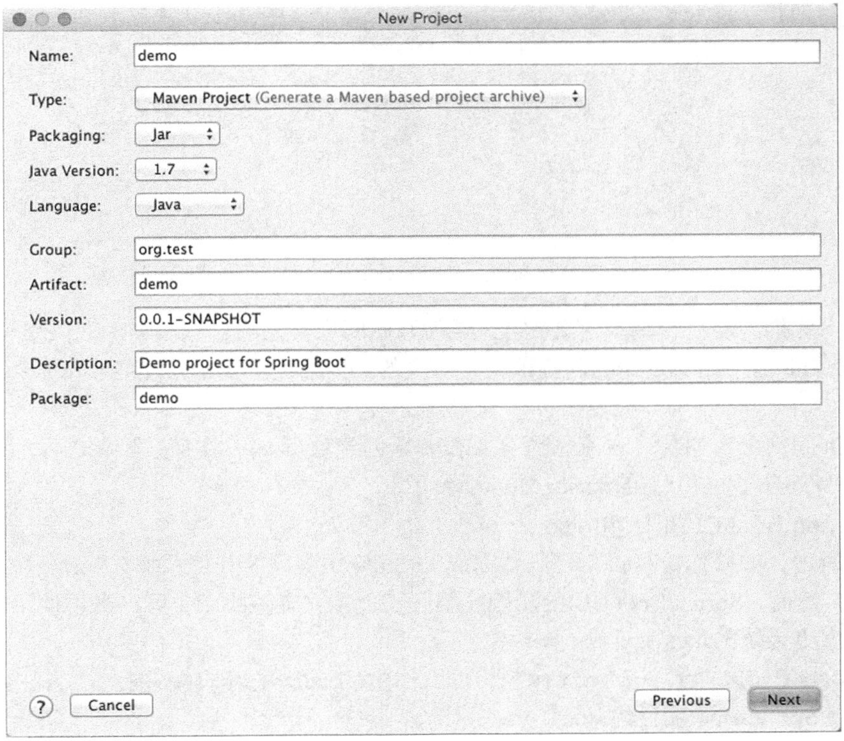

图1-6　在IntelliJ IDEA的Spring Boot初始化向导里指定项目信息

Spring Boot初始化向导的第二屏要求你提供项目的一些基本信息，比如项目名称、Maven Group和Artifact、Java版本，以及你是想用Maven还是Gradle来构建项目。描述好项目信息之后，点击Next按钮就能看到第三屏了，如图1-7所示。

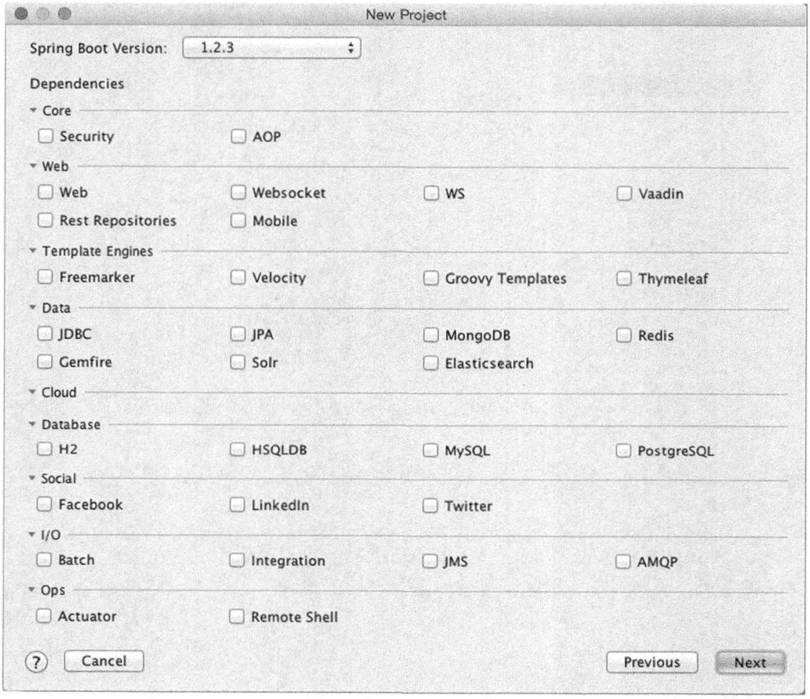

图1-7　在IntelliJ IDEA的Spring Boot初始化向导里选择项目依赖

第二屏向你询问项目的基本信息，第三屏就开始问你要往项目里添加什么依赖了。和之前一样，屏幕里的复选框和Spring Boot起步依赖是对应的。选完之后点击Next就到了向导的最后一屏，如图1-8所示。

最后一屏问你项目叫什么名字，还有要在哪里创建项目。一切准备就绪之后，点击Finish按钮，就能在IDE里得到一个空的Spring Boot项目了。

4. 在Spring Boot CLI里使用Initializr

如前文所述，如果你想仅仅写代码就完成Spring应用程序的开发，那么Spring Boot CLI是个不错的选择。然而，Spring Boot CLI的功能还不限于此，它有一些命令可以帮你使用Initializr，通过它上手开发更传统的Java项目。

Spring Boot CLI包含了一个`init`命令，可以作为Initializr的客户端界面。`init`命令最简单的用法就是创建Spring Boot项目的基线：

```
$ spring init
```

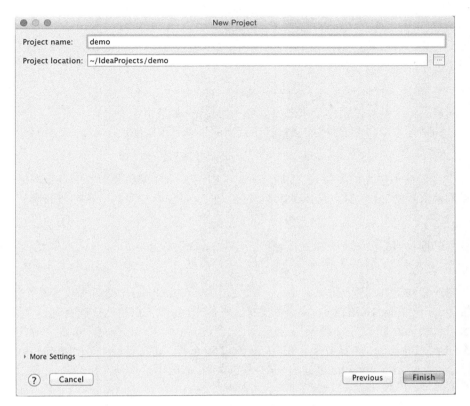

图1-8　IntelliJ IDEA的Spring Boot初始化向导的最后一屏

在和Initializr的Web应用程序通信后，`init`命令会下载一个demo.zip文件。解压后你会看到一个典型的项目结构，包含一个Maven的pom.xml构建描述文件。Maven的构建说明只包含最基本的内容，即只有Spring Boot基线和测试起步依赖。你可能会想要更多的东西。

假设你想要构建一个Web应用程序，其中使用JPA实现数据持久化，使用Spring Security进行安全加固，可以用`--dependencies`或`-d`来指定那些初始依赖：

```
$ spring init -dweb,jpa,security
```

这条命令会下载一个demo.zip文件，包含与之前一样的项目结构，但在pom.xml里增加了Spring Boot的Web、jpa和security起步依赖。请注意，在`-d`和依赖之间不能加空格，否则就变成了下载一个ZIP文件，文件名是web,jpa,security。

现在，假设你想用Gradle来构建项目。没问题，用`--build`参数将Gradle指定为构建类型：

```
$ spring init -dweb,jpa,security --build gradle
```

默认情况下，无论是Maven还是Gradle的构建说明都会产生一个可执行JAR文件。但如果你想要一个WAR文件，那么可以通过`--packaging`或者`-p`参数进行说明：

```
$ spring init -dweb,jpa,security --build gradle -p war
```

到目前为止，init命令只用来下载ZIP文件。如果你想让CLI帮你解压那个ZIP文件，可以指定一个用于解压的目录：

```
$ spring init -dweb,jpa,security --build gradle -p war myapp
```

此处的最后一个参数说明你希望把项目解压到myapp目录里去。

此外，如果你希望CLI把生成的项目解压到当前目录，可以使用--extract或者-x参数：

```
$ spring init -dweb,jpa,security --build gradle -p jar -x
```

init命令还有不少其他参数，包括基于Groovy构建项目的参数、指定用Java版本编译的参数，还有选择构建依赖的Spring Boot版本的参数。可以通过help命令了解所有参数的情况：

```
$ spring help init
```

你也可以查看那些参数都有哪些可选项，为init命令带上--list或-l参数就可以了：

```
$ spring init -l
```

你一定注意到了，尽管spring init -l列出了一些Initializr支持的参数，但并非所有参数都能直接为Spring Boot CLI的init命令所支持。举例来说，用CLI初始化项目时，你不能指定根包的名字，它默认为demo。spring help init会告诉你CLI的init命令都支持哪些参数。

无论你是用Initializr的Web界面，在Spring Tool Suite里创建项目，还是用Spring Boot CLI来初始化项目，Spring Boot Initializr创建出来的项目都有相似的项目布局，和你之前开发过的Java项目没什么不同。

1.3 小结

Spring Boot为Spring应用程序的开发提供了一种激动人心的新方式，框架本身带来的阻力很小。自动配置消除了传统Spring应用程序里的很多样板配置；Spring Boot起步依赖让你能通过库所提供的功能而非名称与版本号来指定构建依赖；Spring Boot CLI将Spring Boot的无阻碍开发模型提升到了一个崭新的高度，在命令行里就能简单快速地用Groovy进行开发；Actuator让你能深入运行中的应用程序，了解Spring Boot做了什么，是怎么做的。

本章大致概括了Spring Boot的功能。你大概已经跃跃欲试，想用Spring Boot来写个真实的应用程序了吧。这正是我们在下一章里要做的事情。有了Spring Boot提供的诸多功能，最困难的不过是把书翻到第2章。

第 2 章 开发第一个应用程序

本章内容
- 使用Spring Boot起步依赖
- 自动进行Spring配置

你上次在超市或大型零售商店自己推开门是什么时候？大多数大型商店都安装了带感应功能的自动门，虽然所有门都能让你进入建筑物内，但自动门不用你动手推拉。

与之类似，很多公共场所的卫生间里都装有自动感应水龙头和自动感应纸巾机。虽然没有超市自动门这么普及，但这些设施同样对你没有太多要求，可以很方便地出水和纸巾。

说实话，我已经不记得上次看到制冰盒是什么时候了，更不记得自己往里面倒水制冰或者取冰的事了。我的冰箱就是这么神奇，总是有冰，让我随时都能喝上冰水。

我敢打赌你也能想出无数例子，证明设备让现代生活更加自动化，而不是增加障碍。有了这些自动化的便利设施，你会认为在开发任务里也会出现更多的自动化。但是很奇怪，事实并非如此。

直到最近，要用Spring创建应用程序，你还需要为框架做很多事情。当然，Spring提供了很多优秀的特性，用于开发令人惊讶的应用程序。但是，你需要自己往项目的构建说明文件里添加各种库依赖，还要自己写配置文件，告诉Spring要做什么。

Spring Boot将Spring开发的自动化程度提升到了一个新的高度，在本章我们会看到两种新方法：起步依赖和自动配置。在项目中启用Spring不仅枯燥乏味，还让人分神，你将看到这些基础的Spring Boot特性是如何将你解放出来，让你集中精力开发应用程序的。与此同时，你会写一个很小的Spring应用程序，麻雀虽小，五脏俱全，其中会用上Spring Boot。

2.1 运用 Spring Boot

你正在阅读本书，说明你是一位读书人。也许你是一个书虫，博览群书；也许你只读自己需要的东西，拿起本书只是为了知道怎么用Spring开发应用程序。

无论何种情况，你都是一位读书人，是读书人便有心维护一个阅读列表，里面是自己想读或者需要读的书。就算没有白纸黑字的列表，至少在你心里会有这么一个列表。[①]

[①] 如果你不是一个读书人，就把书换成想看的电影、想去的餐厅，只要合适自己就好。

在本书中，我们会构建一个简单的阅读列表应用程序。在这个程序里，用户可以输入想读的图书信息，查看列表，删除已经读过的书。我们将使用Spring Boot来辅助快速开发，各种繁文缛节越少越好。

开始前，我们需要先初始化一个项目。在第1章里，我们看到了好几种从Spring Initializr开始Spring Boot开发的方法。因为选择哪种方法都行，所以要选个最合适的，着手用Spring Boot开发就好了。

从技术角度来看，我们要用Spring MVC来处理Web请求，用Thymeleaf来定义Web视图，用Spring Data JPA来把阅读列表持久化到数据库里，姑且先用嵌入式的H2数据库。虽然也可以用Groovy，但是我们还是先用Java来开发这个应用程序吧。此外，我们使用Gradle作为构建工具。

无论是用Web界面、Spring Tool Suite还是IntelliJ IDEA，只要用了Initializr，你就要确保勾选了Web、Thymeleaf和JPA这几个复选框。还要记得勾上H2复选框，这样才能在开发应用程序时使用这个内嵌式数据库。

至于项目元信息，就随便你写了。以阅读列表为例，我创建项目时使用了图2-1中的信息。

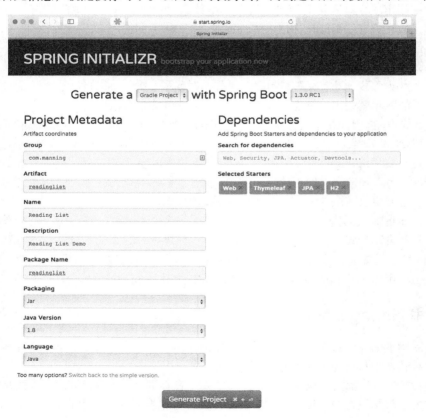

图2-1　通过Initializr的Web界面初始化阅读列表应用程序

如果你创建项目时用的是Spring Tool Suite或者IntelliJ IDEA，那么把图2-1的内容适配成IDE需要的东西就好了。

另一方面，如果用Spring Boot CLI来初始化应用程序，可以在命令行里键入以下内容：

```
$ spring init -dweb,data-jpa,h2,thymeleaf --build gradle readinglist
```

请记住，CLI的`init`命令是不能指定项目根包名和项目名的。包名默认是demo，项目名默认是Demo。在项目创建完毕之后，你可以打开项目，把包名demo改为readinglist，把DemoApplication.java改名为ReadingListApplication.java。

项目创建完毕后，你应该能看到一个类似图2-2的项目结构。

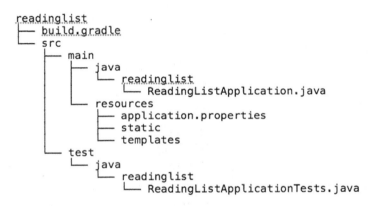

图2-2 初始化后的readinglist项目结构

这个项目结构基本上和第1章里Initializr生成的结构是一样的，只不过你现在真的要去开发应用程序了，所以让我们先放慢脚步，仔细看看初始化的项目里都有什么东西。

2.1.1 查看初始化的 Spring Boot 新项目

图2-2中值得注意的第一件事是，整个项目结构遵循传统Maven或Gradle项目的布局，即主要应用程序代码位于src/main/java目录里，资源都在src/main/resources目录里，测试代码则在src/test/java目录里。此刻还没有测试资源，但如果有的话，要放在src/test/resources里。

再进一步，你会看到项目里还有不少文件。

- **build.gradle**：Gradle构建说明文件。
- `ReadingListApplication.java`：应用程序的启动引导类（bootstrap class），也是主要的Spring配置类。
- `application.properties`：用于配置应用程序和Spring Boot的属性。
- `ReadingListApplicationTests.java`：一个基本的集成测试类。

因为构建说明文件里有很多Spring Boot的优点尚未揭秘，所以我打算把最好的留到最后，先让我们来看看`ReadingListApplication.java`。

1. 启动引导Spring

`ReadingListApplication`在Spring Boot应用程序里有两个作用：配置和启动引导。首先，这是主要的Spring配置类。虽然Spring Boot的自动配置免除了很多Spring配置，但你还需要进行少量配置来启用自动配置。正如代码清单2-1所示，这里只有一行配置代码。

代码清单2-1 `ReadingListApplication.java`不仅是启动引导类，还是配置类

```java
package readinglist;

import org.springframework.boot.SpringApplication;
import org.springframework.boot.autoconfigure.SpringBootApplication;

@SpringBootApplication              ← 开启组件扫描和
public class ReadingListApplication {   自动配置

  public static void main(String[] args) {
    SpringApplication.run(ReadingListApplication.class, args);  ← 负责启动引导应
  }                                                                用程序

}
```

`@SpringBootApplication`开启了Spring的组件扫描和Spring Boot的自动配置功能。实际上，`@SpringBootApplication`将三个有用的注解组合在了一起。

- Spring的`@Configuration`：标明该类使用Spring基于Java的配置。虽然本书不会写太多配置，但我们会更倾向于使用基于Java而不是XML的配置。
- Spring的`@ComponentScan`：启用组件扫描，这样你写的Web控制器类和其他组件才能被自动发现并注册为Spring应用程序上下文里的Bean。本章稍后会写一个简单的Spring MVC控制器，使用`@Controller`进行注解，这样组件扫描才能找到它。
- Spring Boot的`@EnableAutoConfiguration`：这个不起眼的小注解也可以称为`@Abracadabra`[①]，就是这一行配置开启了Spring Boot自动配置的魔力，让你不用再写成篇的配置了。

在Spring Boot的早期版本中，你需要在`ReadingListApplication`类上同时标上这三个注解，但从Spring Boot 1.2.0开始，有`@SpringBootApplication`就行了。

如我所说，`ReadingListApplication`还是一个启动引导类。要运行Spring Boot应用程序有几种方式，其中包含传统的WAR文件部署。但这里的`main()`方法让你可以在命令行里把该应用程序当作一个可执行JAR文件来运行。这里向`SpringApplication.run()`传递了一个`ReadingListApplication`类的引用，还有命令行参数，通过这些东西启动应用程序。

实际上，就算一行代码也没写，此时你仍然可以构建应用程序尝尝鲜。要构建并运行应用程序，最简单的方法就是用Gradle的`bootRun`任务：

```
$ gradle bootRun
```

[①] abracadabra的意思是咒语。——译者注

bootRun任务来自Spring Boot的Gradle插件，我们会在2.1.2节里详细讨论。此外，你也可以用Gradle构建项目，然后在命令行里用java来运行它：

```
$ gradle build
...
$ java -jar build/libs/readinglist-0.0.1-SNAPSHOT.jar
```

应用程序应该能正常运行，启动一个监听8080端口的Tomcat服务器。要是愿意，你可以用浏览器访问http://localhost:8080，但由于还没写控制器类，你只会收到一个HTTP 404（NOT FOUND）错误，看到错误页面。在本章结束前，这个URL将会提供一个阅读列表应用程序。

你几乎不需要修改ReadingListApplication.java。如果你的应用程序需要Spring Boot自动配置以外的其他Spring配置，一般来说，最好把它写到一个单独的@Configuration标注的类里。（组件扫描会发现并使用这些类的。）极度简单的情况下，可以把自定义配置加入ReadingListApplication.java。

2. 测试Spring Boot应用程序

Initializr还提供了一个测试类的骨架，可以基于它为你的应用程序编写测试。但ReadingListApplicationTests（代码清单2-2）不止是个用于测试的占位符，它还是一个例子，告诉你如何为Spring Boot应用程序编写测试。

代码清单2-2 @SpringApplicationConfiguration加载Spring应用程序上下文

```java
package readinglist;

import org.junit.Test;
import org.junit.runner.RunWith;
import org.springframework.boot.test.SpringApplicationConfiguration;
import org.springframework.test.context.junit4.SpringJUnit4ClassRunner;
import org.springframework.test.context.web.WebAppConfiguration;

import readinglist.ReadingListApplication;

@RunWith(SpringJUnit4ClassRunner.class)
@SpringApplicationConfiguration(                    // 通过Spring Boot
        classes = ReadingListApplication.class)     // 加载上下文
@WebAppConfiguration
public class ReadingListApplicationTests {

  @Test
  public void contextLoads() {                      // 测试加载的上下文
  }

}
```

一个典型的Spring集成测试会用@ContextConfiguration注解标识如何加载Spring的应用程序上下文。但是，为了充分发挥Spring Boot的魔力，这里应该用@SpringApplication-Configuration注解。正如你在代码清单2-2里看到的那样，ReadingListApplicationTests使用@SpringApplicationConfiguration注解从ReadingListApplication配置类里加载

Spring应用程序上下文。

`ReadingListApplicationTests`里还有一个简单的测试方法，即`contextLoads()`。实际上它就是个空方法。但这个空方法足以证明应用程序上下文的加载没有问题。如果`ReadingListApplication`里定义的配置是好的，就能通过测试。如果有问题，测试就会失败。

当然，现在这只是一个新的应用程序，你还会添加自己的测试。但`contextLoads()`方法是个良好的开端，此刻可以验证应用程序提供的各种功能。第4章会更详细地讨论如何测试Spring Boot应用程序。

3. 配置应用程序属性

Initializr为你生成的application.properties文件是一个空文件。实际上，这个文件完全是可选的，你大可以删掉它，这不会对应用程序有任何影响，但留着也没什么问题。

稍后，我们肯定有机会向application.properties里添加几个条目。但现在，如果你想小试牛刀，可以加一行看看：

```
server.port=8000
```

加上这一行，嵌入式Tomcat的监听端口就变成了8000，而不是默认的8080。你可以重新运行应用程序，看看是不是这样。

这说明application.properties文件可以很方便地帮你细粒度地调整Spring Boot的自动配置。你还可以用它来指定应用程序代码所需的配置项。在第3章里我们会看到好几个例子，演示application.properties的这两种用法。

要注意的是，你完全不用告诉Spring Boot为你加载application.properties，只要它存在就会被加载，Spring和应用程序代码都能获取其中的属性。

我们差不多已经把初始化的项目介绍完了，还剩最后一样东西，让我们来看看Spring Boot应用程序是如何构建的。

2.1.2 Spring Boot 项目构建过程解析

Spring Boot应用程序的大部分内容都与其他Spring应用程序没有什么区别，与其他Java应用程序也没什么两样，因此构建一个Spring Boot应用程序和构建其他Java应用程序的过程类似。你可以选择Gradle或Maven作为构建工具，描述构建说明文件的方法和描述非Spring Boot应用程序的方法相似。但是，Spring Boot在构建过程中要了些小把戏，在此需要做个小小的说明。

Spring Boot为Gradle和Maven提供了构建插件，以便辅助构建Spring Boot项目。代码清单2-3是Initializr创建的build.gradle文件，其中应用了Spring Boot的Gradle插件。

代码清单2-3　使用Spring Boot的Gradle插件

```
buildscript {
  ext {
    springBootVersion = `1.3.0.RELEASE`
  }
  repositories {
```

```
    mavenCentral()
  }
  dependencies {
    classpath("org.springframework.boot:spring-boot-gradle-plugin:    ◀── 依赖Spring
        ${springBootVersion}")                                              Boot插件
  }
}

apply plugin: 'java'
apply plugin: 'eclipse'         ◀── 运用Spring Boot
apply plugin: 'idea'                 插件
apply plugin: 'spring-boot'

jar {
  baseName = 'readinglist'
  version = '0.0.1-SNAPSHOT'
}
sourceCompatibility = 1.7
targetCompatibility = 1.7

repositories {
  mavenCentral()
}

dependencies {                                                          ◀── 起步依赖
  compile("org.springframework.boot:spring-boot-starter-web")
  compile("org.springframework.boot:spring-boot-starter-data-jpa")
  compile("org.springframework.boot:spring-boot-starter-thymeleaf")
  runtime("com.h2database:h2")
  testCompile("org.springframework.boot:spring-boot-starter-test")
}

eclipse {
  classpath {
    containers.remove('org.eclipse.jdt.launching.JRE_CONTAINER')
    containers 'org.eclipse.jdt.launching.JRE_CONTAINER/org.eclipse.jdt.internal.
        debug.ui.launcher.StandardVMType/JavaSE-1.7'
  }
}

task wrapper(type: Wrapper) {
  gradleVersion = '1.12'
}
```

另一方面，要是选择用Maven来构建应用程序，Initializr会替你生成一个pom.xml文件，其中使用了Spring Boot的Maven插件，如代码清单2-4所示。

代码清单2-4　使用Spring Boot的Maven插件及父起步依赖

```
<?xml version="1.0" encoding="UTF-8"?>
<project xmlns="http://maven.apache.org/POM/4.0.0"
    xmlns:xsi="http://www.w3.org/2001/XMLSchema-instance"
    xsi:schemaLocation="http://maven.apache.org/POM/4.0.0
```

```xml
        http://maven.apache.org/xsd/maven-4.0.0.xsd">

<modelVersion>4.0.0</modelVersion>

<groupId>com.manning</groupId>
<artifactId>readinglist</artifactId>
<version>0.0.1-SNAPSHOT</version>
<packaging>jar</packaging>

<name>ReadingList</name>
<description>Reading List Demo</description>                  ◁──── 从 spring-boot-starter-
                                                                    parent继承版本号
<parent>
  <groupId>org.springframework.boot</groupId>
  <artifactId>spring-boot-starter-parent</artifactId>
  <version>{springBootVersion}</version>
  <relativePath/> <!-- lookup parent from repository -->
</parent>

<dependencies>                                         ◁──── 起步依赖
  <dependency>
    <groupId>org.springframework.boot</groupId>
    <artifactId>spring-boot-starter-web</artifactId>
  </dependency>
  <dependency>
    <groupId>org.springframework.boot</groupId>
    <artifactId>spring-boot-starter-data-jpa</artifactId>
  </dependency>
  <dependency>
    <groupId>org.springframework.boot</groupId>
    <artifactId>spring-boot-starter-thymeleaf</artifactId>
  </dependency>
  <dependency>
    <groupId>com.h2database</groupId>
    <artifactId>h2</artifactId>
  </dependency>
  <dependency>
    <groupId>org.springframework.boot</groupId>
    <artifactId>spring-boot-starter-test</artifactId>
    <scope>test</scope>
  </dependency>
</dependencies>

<properties>
  <project.build.sourceEncoding>
    UTF-8
  </project.build.sourceEncoding>
  <start-class>readinglist.Application</start-class>
  <java.version>1.7</java.version>
</properties>

<build>                                          ◁──── 运用Spring Boot插件
  <plugins>
    <plugin>
```

```
            <groupId>org.springframework.boot</groupId>
            <artifactId>spring-boot-maven-plugin</artifactId>
        </plugin>
    </plugins>
</build>

</project>
```

无论你选择Gradle还是Maven，Spring Boot的构建插件都对构建过程有所帮助。你已经看到过如何用Gradle的`bootRun`任务来运行应用程序了。Spring Boot的Maven插件与之类似，提供了一个`spring-boot:run`目标，如果你使用Maven，它能实现相同的功能。

构建插件的主要功能是把项目打包成一个可执行的超级JAR（uber-JAR），包括把应用程序的所有依赖打入JAR文件内，并为JAR添加一个描述文件，其中的内容能让你用`java -jar`来运行应用程序。

除了构建插件，代码清单2-4里的Maven构建说明中还将spring-boot-starter-parent作为上一级，这样一来就能利用Maven的依赖管理功能，继承很多常用库的依赖版本，在你声明依赖时就不用再去指定版本号了。请注意，这个pom.xml里的`<dependency>`都没有指定版本。

遗憾的是，Gradle并没有Maven这样的依赖管理功能，为此Spring Boot Gradle插件提供了第三个特性，它为很多常用的Spring及其相关依赖模拟了依赖管理功能。其结果就是，代码清单2-3的build.gradle里也没有为各项依赖指定版本。

说起依赖，无论哪个构建说明文件，都只有五个依赖，除了你手工添加的H2之外，其他的Artifact ID都有`spring-boot-starter-`前缀。这些都是Spring Boot起步依赖，它们都有助于Spring Boot应用程序的构建。让我们来看看它们究竟都有哪些好处。

2.2 使用起步依赖

要理解Spring Boot起步依赖带来的好处，先让我们假设它们尚不存在。如果没用Spring Boot的话，你会向项目里添加哪些依赖呢？要用Spring MVC的话，你需要哪个Spring依赖？你还记得Thymeleaf的Group和Artifact ID吗？你应该用哪个版本的Spring Data JPA呢？它们放在一起兼容吗？

看来如果没有Spring Boot起步依赖，你就有不少功课要做。而你想要做的只不过是开发一个Spring Web应用程序，使用Thymeleaf视图，通过JPA进行数据持久化。但在开始编写第一行代码之前，你得搞明白，要支持你的计划，需要往构建说明里加入哪些东西。

考虑再三之后（也许你还从其他有相似依赖的应用程序构建说明中复制粘贴了不少内容），你的Gradle构建说明里大概会有下面这些东西：

```
compile("org.springframework:spring-web:4.1.6.RELEASE")
compile("org.thymeleaf:thymeleaf-spring4:2.1.4.RELEASE")
compile("org.springframework.data:spring-data-jpa:1.8.0.RELEASE")
compile("org.hibernate:hibernate-entitymanager:jar:4.3.8.Final")
compile("com.h2database:h2:1.4.187")
```

这段依赖列表不错，应该能正常工作，但你是怎么知道的？你怎么保证你选的这些版本能相互兼容？也许可以，但构建并运行应用程序之前你是不知道的。再说了，你怎么知道这个列表是完整的？在一行代码都没写的情况下，你离开始构建还有很长的路要走。

让我们退一步再想想，我们要做什么。我们要构建一个拥有如下功能的应用程序。

- 这是一个Web应用程序。
- 它用了Thymeleaf。
- 它通过Spring Data JPA在关系型数据库里持久化数据。

如果我们只在构建文件里指定这些功能，让构建过程自己搞明白我们要什么东西，岂不是更简单？这正是Spring Boot起步依赖的功能。

2.2.1 指定基于功能的依赖

Spring Boot通过提供众多起步依赖降低项目依赖的复杂度。起步依赖本质上是一个Maven项目对象模型（Project Object Model，POM），定义了对其他库的传递依赖，这些东西加在一起即支持某项功能。很多起步依赖的命名都暗示了它们提供的某种或某类功能。

举例来说，你打算把这个阅读列表应用程序做成一个Web应用程序。与其向项目的构建文件里添加一堆单独的库依赖，还不如声明这是一个Web应用程序来得简单。你只要添加Spring Boot的Web起步依赖就好了。

我们还想以Thymeleaf为Web视图，用JPA来实现数据持久化，因此在构建文件里还需要Thymeleaf和Spring Data JPA的起步依赖。

为了能进行测试，我们还需要能在Spring Boot上下文里运行集成测试的库，因此要添加Spring Boot的test起步依赖，这是一个测试时依赖。

统统放在一起，就有了这五个依赖，也就是Initializr在Gradle的构建文件里提供的：

```
dependencies {
  compile "org.springframework.boot:spring-boot-starter-web"
  compile "org.springframework.boot:spring-boot-starter-thymeleaf"
  compile "org.springframework.boot:spring-boot-starter-data-jpa"
  compile "com.h2database:h2"
  testCompile("org.springframework.boot:spring-boot-starter-test")
}
```

正如先前所见，添加这些依赖的最简单方法就是在Initializr里选中Web、Thymeleaf和JPA复选框。但如果在初始化项目时没有这么做，当然也可以稍后再编辑生成的build.gradle或pom.xml。

通过传递依赖，添加这四个依赖就等价于加了一大把独立的库。这些传递依赖涵盖了Spring MVC、Spring Data JPA、Thymeleaf等内容，它们声明的依赖也会被传递依赖进来。

最值得注意的是，这四个起步依赖的具体程度恰到好处。我们并没有说想要Spring MVC，只是说想要构建一个Web应用程序。我们并没有指定JUnit或其他测试工具，只是说我们想要测试自己的代码。Thymeleaf和Spring Data JPA的起步依赖稍微具体一点，但这也只是由于没有更模糊的方法声明这种需要。

这四个起步依赖只是Spring Boot众多起步依赖中的沧海一粟。附录B罗列出了全部起步依赖，并简要描述了一下它们向项目构建引入了什么。

我们并不需要指定版本号，起步依赖本身的版本是由正在使用的Spring Boot的版本来决定的，而起步依赖则会决定它们引入的传递依赖的版本。

不知道自己所用依赖的版本，你多少会有些不安。你要有信心，相信Spring Boot经过了足够的测试，确保引入的全部依赖都能相互兼容。这是一种解脱，只需指定起步依赖，不用担心自己需要维护哪些库，也不必担心它们的版本。

但如果你真想知道自己在用什么，在构建工具里总能找到你要的答案。在Gradle里，`dependencies`任务会显示一个依赖树，其中包含了项目所用的每一个库以及它们的版本：

```
$ gradle dependencies
```

在Maven里使用`dependency`插件的`tree`目标也能获得相似的依赖树。

```
$ mvn dependency:tree
```

大部分情况下，你都无需关心每个Spring Boot起步依赖分别声明了些什么东西。Web起步依赖能让你构建Web应用程序，Thymeleaf起步依赖能让你用Thymeleaf模板，Spring Data JPA起步依赖能让你用Spring Data JPA将数据持久化到数据库里，通常只要知道这些就足够了。

但是，即使经过了Spring Boot团队的测试，起步依赖里所选的库仍有问题该怎么办？如何覆盖起步依赖呢？

2.2.2 覆盖起步依赖引入的传递依赖

说到底，起步依赖和你项目里的其他依赖没什么区别。也就是说，你可以通过构建工具中的功能，选择性地覆盖它们引入的传递依赖的版本号，排除传递依赖，当然还可以为那些Spring Boot起步依赖没有涵盖的库指定依赖。

以Spring Boot的Web起步依赖为例，它传递依赖了Jackson JSON库。如果你正在构建一个生产或消费JSON资源表述的REST服务，那它会很有用。但是，要构建传统的面向人类用户的Web应用程序，你可能用不上Jackson。虽然把它加进来也不会有什么坏处，但排除掉它的传递依赖，可以为你的项目瘦身。

如果在用Gradle，你可以这样排除传递依赖：

```
compile("org.springframework.boot:spring-boot-starter-web") {
  exclude group: 'com.fasterxml.jackson.core'
}
```

在Maven里，可以用`<exclusions>`元素来排除传递依赖。下面这个引入Spring Boot的build.gradle的`<dependency>`增加了`<exclusions>`元素去除Jackson：

```
<dependency>
  <groupId>org.springframework.boot</groupId>
  <artifactId>spring-boot-starter-web</artifactId>
```

```
<exclusions>
  <exclusion>
    <groupId>com.fasterxml.jackson.core</groupId>
  </exclusion>
</exclusions>
</dependency>
```

另一方面，也许项目需要Jackson，但你需要用另一个版本的Jackson来进行构建，而不是Web起步依赖里的那个。假设Web起步依赖引用了Jackson 2.3.4，但你需要使用2.4.3[①]。在Maven里，你可以直接在pom.xml中表达诉求，就像这样：

```
<dependency>
  <groupId>com.fasterxml.jackson.core</groupId>
  <artifactId>jackson-databind</artifactId>
  <version>2.4.3</version>
</dependency>
```

Maven总是会用最近的依赖，也就是说，你在项目的构建说明文件里增加的这个依赖，会覆盖传递依赖引入的另一个依赖。

与之类似，如果你用的是Gradle，可以在build.gradle文件里指明你要的Jackson的版本：

```
compile("com.fasterxml.jackson.core:jackson-databind:2.4.3")
```

因为这个依赖的版本比Spring Boot的Web起步依赖引入的要新，所以在Gradle里是生效的。但假如你要的不是新版本的Jackson，而是一个较早的版本呢？Gradle和Maven不太一样，Gradle倾向于使用库的最新版本。因此，如果你要使用老版本的Jackon，则不得不把老版本的依赖加入构建，并把Web起步依赖传递依赖的那个版本排除掉：

```
compile("org.springframework.boot:spring-boot-starter-web") {
    exclude group: 'com.fasterxml.jackson.core'
}
compile("com.fasterxml.jackson.core:jackson-databind:2.3.1")
```

不管什么情况，在覆盖Spring Boot起步依赖引入的传递依赖时都要多加小心。虽然不同的版本放在一起也许没什么问题，但你要知道，起步依赖中各个依赖版本之间的兼容性都经过了精心的测试。应该只在特殊的情况下覆盖这些传递依赖（比如新版本修复了一个bug）。

现在我们有了一个空的项目结构，构建说明文件也准备好了，是时候开发应用程序了。我们会让Spring Boot来处理配置细节，而我们自己则专注于编写阅读列表功能相关的代码。

2.3 使用自动配置

简而言之，Spring Boot的自动配置是一个运行时（更准确地说，是应用程序启动时）的过程，考虑了众多因素，才决定Spring配置应该用哪个，不该用哪个。举几个例子，下面这些情况都是

[①] 此处提到的版本仅作演示之用，Spring Boot的Web起步依赖所引用的实际Jackson版本由你使用的Spring Boot版本决定。

Spring Boot的自动配置要考虑的。

- Spring的`JdbcTemplate`是不是在Classpath里？如果是，并且有`DataSource`的Bean，则自动配置一个`JdbcTemplate`的Bean。
- Thymeleaf是不是在Classpath里？如果是，则配置Thymeleaf的模板解析器、视图解析器以及模板引擎。
- Spring Security是不是在Classpath里？如果是，则进行一个非常基本的Web安全设置。

每当应用程序启动的时候，Spring Boot的自动配置都要做将近200个这样的决定，涵盖安全、集成、持久化、Web开发等诸多方面。所有这些自动配置就是为了尽量不让你自己写配置。

有意思的是，自动配置的东西很难写在书本里。如果不能写出配置，那又该怎么描述并讨论它们呢？

2.3.1 专注于应用程序功能

要为Spring Boot的自动配置博得好感，我可以在接下来的几页里向你演示没有Spring Boot的情况下需要写哪些配置。但眼下已经有不少好书写过这些内容了，再写一次并不能让我们更快地写好阅读列表应用程序。

既然知道Spring Boot会替我们料理这些事情，那么与其浪费时间讨论这些Spring配置，还不如看看如何利用Spring Boot的自动配置，让我们专注于应用程序代码。除了开始写代码，我想不到更好的办法了。

1. 定义领域模型

我们应用程序里的核心领域概念是读者阅读列表上的书。因此我们需要定义一个实体类来表示这个概念。代码清单2-5演示了如何定义一本书。

代码清单2-5　表示列表里的书的`Book`类

```
package readinglist;

import javax.persistence.Entity;
import javax.persistence.GeneratedValue;
import javax.persistence.GenerationType;
import javax.persistence.Id;

@Entity
public class Book {

  @Id
  @GeneratedValue(strategy=GenerationType.AUTO)
  private Long id;
  private String reader;
  private String isbn;
  private String title;
  private String author;
  private String description;
```

```java
  public Long getId() {
    return id;
  }

  public void setId(Long id) {
    this.id = id;
  }

  public String getReader() {
    return reader;
  }

  public void setReader(String reader) {
    this.reader = reader;
  }

  public String getIsbn() {
    return isbn;
  }

  public void setIsbn(String isbn) {
    this.isbn = isbn;
  }

  public String getTitle() {
    return title;
  }

  public void setTitle(String title) {
    this.title = title;
  }

  public String getAuthor() {
    return author;
  }

  public void setAuthor(String author) {
    this.author = author;
  }

  public String getDescription() {
    return description;
  }

  public void setDescription(String description) {
    this.description = description;
  }

}
```

如你所见，Book类就是简单的Java对象，其中有些描述书的属性，还有必要的访问方法。`@Entity`注解表明它是一个JPA实体，id属性加了`@Id`和`@GeneratedValue`注解，说明这个字段是实体的唯一标识，并且这个字段的值是自动生成的。

2. 定义仓库接口

接下来，我们就要定义用于把Book对象持久化到数据库的仓库了。[①]因为用了Spring Data JPA，所以我们要做的就是简单地定义一个接口，扩展一下Spring Data JPA的JpaRepository接口：

```
package readinglist;

import java.util.List;
import org.springframework.data.jpa.repository.JpaRepository;

public interface ReadingListRepository extends JpaRepository<Book, Long> {

  List<Book> findByReader(String reader);

}
```

通过扩展JpaRepository，ReadingListRepository直接继承了18个执行常用持久化操作的方法。JpaRepository是个泛型接口，有两个参数：仓库操作的领域对象类型，及其ID属性的类型。此外，我还增加了一个findByReader()方法，可以根据读者的用户名来查找阅读列表。

如果你好奇谁来实现这个ReadingListRepository及其继承的18个方法，请不用担心，Spring Data提供了很神奇的魔法，只需定义仓库接口，在应用程序启动后，该接口在运行时会自动实现。

3. 创建Web界面

现在，我们定义好了应用程序的领域模型，还有把领域对象持久化到数据库里的仓库接口，剩下的就是创建Web前端了。代码清单2-6的Spring MVC控制器就能为应用程序处理HTTP请求。

代码清单2-6　作为阅读列表应用程序前端的Spring MVC控制器

```
package readinglist;

import org.springframework.beans.factory.annotation.Autowired;
import org.springframework.stereotype.Controller;
import org.springframework.ui.Model;
import org.springframework.web.bind.annotation.PathVariable;
import org.springframework.web.bind.annotation.RequestMapping;
import org.springframework.web.bind.annotation.RequestMethod;

import java.util.List;

@Controller
@RequestMapping("/readingList")
public class ReadingListController {

  private ReadingListRepository readingListRepository;

  @Autowired
  public ReadingListController(
            ReadingListRepository readingListRepository) {
    this.readingListRepository = readingListRepository;
```

---

① 原文这里写的是ReadingList对象，但文中并没有定义这个对象，看代码应该是Book对象。——译者注

```
    }

    @RequestMapping(value="/{reader}", method=RequestMethod.GET)
    public String readersBooks(
        @PathVariable("reader") String reader,
        Model model) {

      List<Book> readingList =
          readingListRepository.findByReader(reader);
      if (readingList != null) {
        model.addAttribute("books", readingList);
      }
      return "readingList";
    }

    @RequestMapping(value="/{reader}", method=RequestMethod.POST)
    public String addToReadingList(
            @PathVariable("reader") String reader, Book book) {
      book.setReader(reader);
      readingListRepository.save(book);
      return "redirect:/readingList/{reader}";
    }

}
```

ReadingListController使用了@Controller注解，这样组件扫描会自动将其注册为Spring应用程序上下文里的一个Bean。它还用了@RequestMapping注解，将其中所有的处理器方法都映射到了"/readingList"这个URL路径上。

该控制器有两个方法。

- readersBooks()：处理/{reader}上的HTTP GET请求，根据路径里指定的读者，从（通过控制器的构造器注入的）仓库获取Book列表。随后将这个列表塞入模型，用的键是books，最后返回readingList作为呈现模型的视图逻辑名称。
- addToReadingList()：处理/{reader}上的HTTP POST请求，将请求正文里的数据绑定到一个Book对象上。该方法把Book对象的reader属性设置为读者的姓名，随后通过仓库的save()方法保存修改后的Book对象，最后重定向到/{reader}（控制器中的另一个方法会处理该请求）。

readersBooks()方法最后返回readingList作为逻辑视图名，为此必须创建该视图。因为在项目开始之初我就决定要用Thymeleaf来定义应用程序的视图，所以接下来就在src/main/resources/templates里创建一个名为readingList.html的文件，内容如代码清单2-7所示。

代码清单2-7 呈现阅读列表的Thymeleaf模板

```
<html>
  <head>
    <title>Reading List</title>
    <link rel="stylesheet" th:href="@{/style.css}"></link>
  </head>

  <body>
```

```html
    <h2>Your Reading List</h2>
    <div th:unless="${#lists.isEmpty(books)}">
      <dl th:each="book : ${books}">
        <dt class="bookHeadline">
          <span th:text="${book.title}">Title</span> by
          <span th:text="${book.author}">Author</span>
          (ISBN: <span th:text="${book.isbn}">ISBN</span>)
        </dt>
        <dd class="bookDescription">
          <span th:if="${book.description}"
                th:text="${book.description}">Description</span>
          <span th:if="${book.description eq null}">
             No description available</span>
        </dd>
      </dl>
    </div>
    <div th:if="${#lists.isEmpty(books)}">
      <p>You have no books in your book list</p>
    </div>

    <hr/>

    <h3>Add a book</h3>
    <form method="POST">
      <label for="title">Title:</label>
        <input type="text" name="title" size="50"></input><br/>
      <label for="author">Author:</label>
        <input type="text" name="author" size="50"></input><br/>
      <label for="isbn">ISBN:</label>
        <input type="text" name="isbn" size="15"></input><br/>
      <label for="description">Description:</label><br/>
        <textarea name="description" cols="80" rows="5">
        </textarea><br/>
      <input type="submit"></input>
    </form>

  </body>
</html>
```

这个模板定义了一个HTML页面，该页面概念上分为两个部分：页面上方是读者的阅读列表中的图书清单；下方是是一个表单，读者可以从这里添加新书。

为了美观，Thymeleaf模板引用了一个名为style.css的样式文件，该文件位于src/main/resources/static目录中，看起来是这样的：

```css
body {
    background-color: #cccccc;
    font-family: arial,helvetica,sans-serif;
}

.bookHeadline {
    font-size: 12pt;
    font-weight: bold;
}
```

```
.bookDescription {
    font-size: 10pt;
}

label {
    font-weight: bold;
}
```

这个样式表并不复杂,也没有过分追求让应用程序变漂亮,但已经能满足我们的需求了。很快你就会看到,它能用来演示Spring Boot的自动配置功能。

不管你相不相信,以上就是一个完整的应用程序了——本章已经向你呈现了所有的代码。等一下,回顾一下前几页的内容,你看到什么配置了吗?实际上,除了代码清单2-1里的三行配置(这是开启自动配置所必需的),你不用再写任何Spring配置了。

虽然没什么Spring配置,但这已经是一个可以运行的完整Spring应用程序了。让我们把它运行起来,看看会怎样。

2.3.2 运行应用程序

运行Spring Boot应用程序有几种方法。先前在2.1.2节里,我们讨论了如何通过Maven和Gradle来运行应用程序,以及如何构建并运行可执行JAR。稍后,在第8章里你将看到如何构建WAR文件,并用传统的方式部署到Java Web应用服务器里,比如Tomcat。

假设你正使用Spring Tool Suite开发应用程序,可以在IDE里选中项目,在Run菜单里选择Run As > Spring Boot App,通过这种方式来运行应用程序,如图2-3所示。

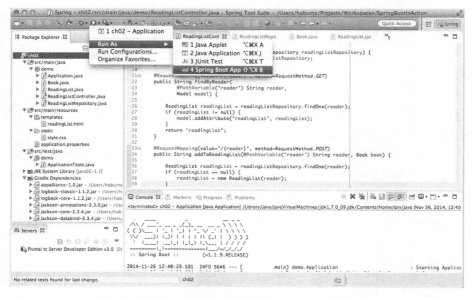

图2-3 在Spring Tool Suite里运行Spring Boot应用程序

如果一切正常，你的浏览器应该会展现一个空白的阅读列表，下方有一个用于向列表添加新书的表单，如图2-4所示。

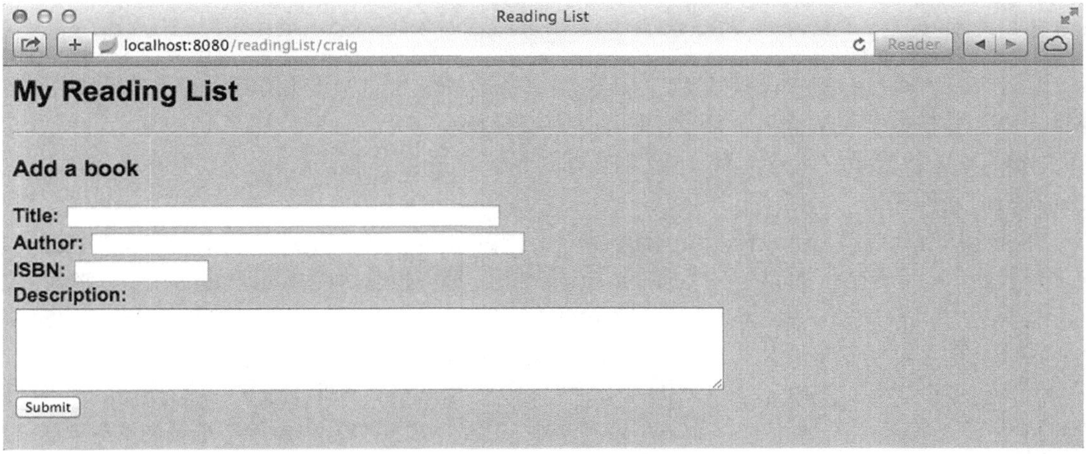

图2-4　初始状态下的空阅读列表

接下来，通过表单添加一些图书吧。随后你的阅读列表看起来就会像图2-5这样。

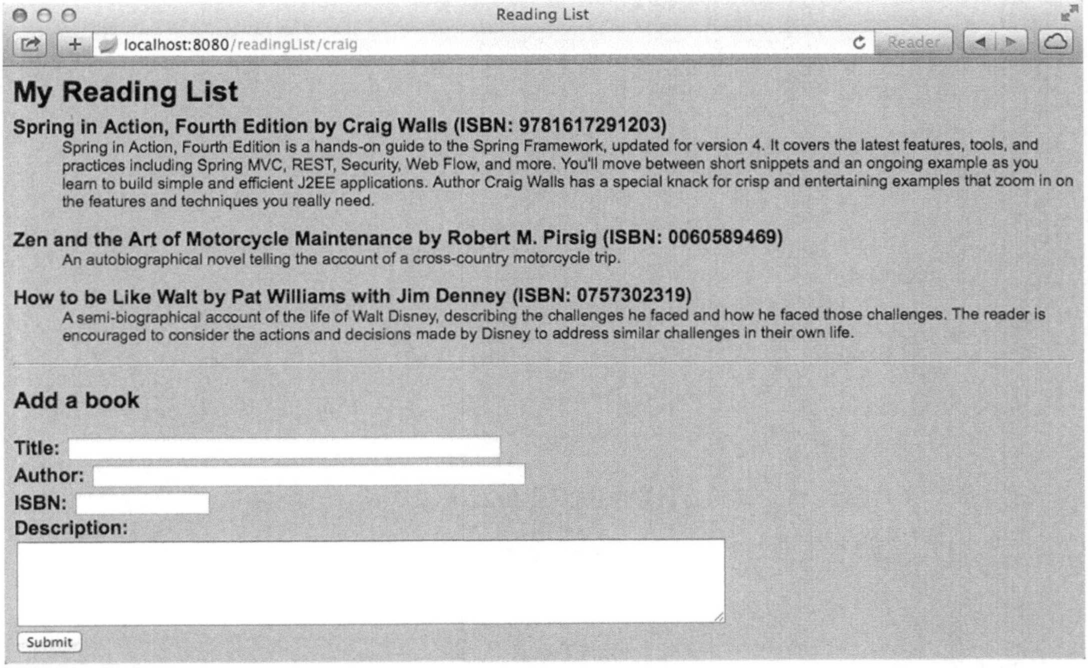

图2-5　添加了一些图书后的阅读列表

再多用用这个应用程序吧。你准备好之后,我们就来看一下Spring Boot是如何做到不写Spring配置代码就能开发整个Spring应用程序的。

2.3.3 刚刚发生了什么

如我所说,在没有配置代码的情况下,很难描述自动配置。与其花时间讨论那些你不用做的事情,不如在这一节里关注一下你要做的事——写代码。

当然,某处肯定是有些配置的。配置是Spring Framework的核心元素,必须要有东西告诉Spring如何运行应用程序。

在向应用程序加入Spring Boot时,有个名为spring-boot-autoconfigure的JAR文件,其中包含了很多配置类。每个配置类都在应用程序的Classpath里,都有机会为应用程序的配置添砖加瓦。这些配置类里有用于Thymeleaf的配置,有用于Spring Data JPA的配置,有用于Spring MVC的配置,还有很多其他东西的配置,你可以自己选择是否在Spring应用程序里使用它们。

所有这些配置如此与众不同,原因在于它们利用了Spring的条件化配置,这是Spring 4.0引入的新特性。条件化配置允许配置存在于应用程序中,但在满足某些特定条件之前都忽略这个配置。

在Spring里可以很方便地编写你自己的条件,你所要做的就是实现`Condition`接口,覆盖它的`matches()`方法。举例来说,下面这个简单的条件类只有在Classpath里存在`JdbcTemplate`时才会生效:

```
package readinglist;
import org.springframework.context.annotation.Condition;
import org.springframework.context.annotation.ConditionContext;
import org.springframework.core.type.AnnotatedTypeMetadata;

public class JdbcTemplateCondition implements Condition {
  @Override
  public boolean matches(ConditionContext context,
                         AnnotatedTypeMetadata metadata) {
    try {
      context.getClassLoader().loadClass(
          "org.springframework.jdbc.core.JdbcTemplate");
      return true;
    } catch (Exception e) {
      return false;
    }
  }
}
```

当你用Java来声明Bean的时候,可以使用这个自定义条件类:

```
@Conditional(JdbcTemplateCondition.class)
public MyService myService() {
    ...
}
```

在这个例子里,只有当`JdbcTemplateCondition`类的条件成立时才会创建`MyService`这个Bean。也就是说`MyService` Bean创建的条件是Classpath里有`JdbcTemplate`。否则,这个Bean

的声明就会被忽略掉。

虽然本例中的条件相当简单，但Spring Boot定义了很多更有趣的条件，并把它们运用到了配置类上，这些配置类构成了Spring Boot的自动配置。Spring Boot运用条件化配置的方法是，定义多个特殊的条件化注解，并将它们用到配置类上。表2-1列出了Spring Boot提供的条件化注解。

表2-1　自动配置中使用的条件化注解

条件化注解	配置生效条件
@ConditionalOnBean	配置了某个特定Bean
@ConditionalOnMissingBean	没有配置特定的Bean
@ConditionalOnClass	Classpath里有指定的类
@ConditionalOnMissingClass	Classpath里缺少指定的类
@ConditionalOnExpression	给定的Spring Expression Language（SpEL）表达式计算结果为true
@ConditionalOnJava	Java的版本匹配特定值或者一个范围值
@ConditionalOnJndi	参数中给定的JNDI位置必须存在一个，如果没有给参数，则要有JNDI InitialContext
@ConditionalOnProperty	指定的配置属性要有一个明确的值
@ConditionalOnResource	Classpath里有指定的资源
@ConditionalOnWebApplication	这是一个Web应用程序
@ConditionalOnNotWebApplication	这不是一个Web应用程序

一般来说，无需查看Spring Boot自动配置类的源代码，但为了演示如何使用表2-1里的注解，我们可以看一下`DataSourceAutoConfiguration`里的这个片段（这是Spring Boot自动配置库的一部分）：

```
@Configuration
@ConditionalOnClass({ DataSource.class, EmbeddedDatabaseType.class })
@EnableConfigurationProperties(DataSourceProperties.class)
@Import({ Registrar.class, DataSourcePoolMetadataProvidersConfiguration.class })
public class DataSourceAutoConfiguration {

    ...

}
```

如你所见，`DataSourceAutoConfiguration`添加了`@Configuration`注解，它从其他配置类里导入了一些额外配置，还自己定义了一些Bean。最重要的是，`DataSourceAutoConfiguration`上添加了`@ConditionalOnClass`注解，要求Classpath里必须要有`DataSource`和`EmbeddedDatabaseType`。如果它们不存在，条件就不成立，`DataSourceAutoConfiguration`提供的配置都会被忽略掉。

`DataSourceAutoConfiguration`里嵌入了一个`JdbcTemplateConfiguration`类，自动配置了一个`JdbcTemplate` Bean：

```
@Configuration
@Conditional(DataSourceAutoConfiguration.DataSourceAvailableCondition.class)
```

```
protected static class JdbcTemplateConfiguration {

  @Autowired(required = false)
  private DataSource dataSource;

  @Bean
  @ConditionalOnMissingBean(JdbcOperations.class)
  public JdbcTemplate jdbcTemplate() {
    return new JdbcTemplate(this.dataSource);
  }

  ...

}
```

JdbcTemplateConfiguration使用了@Conditional注解，判断DataSourceAvailable-Condition条件是否成立——基本上就是要有一个DataSource Bean或者要自动配置创建一个。假设有DataSource Bean，使用了@Bean注解的jdbcTemplate()方法会配置一个JdbcTemplate Bean。这个方法上还加了@ConditionalOnMissingBean注解，因此只有在不存在JdbcOperations（即JdbcTemplate实现的接口）类型的Bean时，才会创建JdbcTemplate Bean。

此处看到的只是DataSourceAutoConfiguration的冰山一角，Spring Boot提供的其他自动配置类也有很多知识没有提到。但这已经足以说明Spring Boot如何利用条件化配置实现自动配置。

自动配置会做出以下配置决策，它们和之前的例子息息相关。

- 因为Classpath里有H2，所以会创建一个嵌入式的H2数据库Bean，它的类型是javax.sql.DataSource，JPA实现（Hibernate）需要它来访问数据库。
- 因为Classpath里有Hibernate（Spring Data JPA传递引入的）的实体管理器，所以自动配置会配置与Hibernate相关的Bean，包括Spring的LocalContainerEntityManager-FactoryBean和JpaVendorAdapter。
- 因为Classpath里有Spring Data JPA，所以它会自动配置为根据仓库的接口创建仓库实现。
- 因为Classpath里有Thymeleaf，所以Thymeleaf会配置为Spring MVC的视图，包括一个Thymeleaf的模板解析器、模板引擎及视图解析器。视图解析器会解析相对于Classpath根目录的/templates目录里的模板。
- 因为Classpath里有Spring MVC（归功于Web起步依赖），所以会配置Spring的DispatcherServlet并启用Spring MVC。
- 因为这是一个Spring MVC Web应用程序，所以会注册一个资源处理器，把相对于Classpath根目录的/static目录里的静态内容提供出来。（这个资源处理器还能处理/public、/resources和/META-INF/resources的静态内容。）
- 因为Classpath里有Tomcat（通过Web起步依赖传递引用），所以会启动一个嵌入式的Tomcat容器，监听8080端口。

由此可见，Spring Boot自动配置承担起了配置Spring的重任，因此你能专注于编写自己的应用程序。

2.4 小结

通过Spring Boot的起步依赖和自动配置，你可以更加快速、便捷地开发Spring应用程序。起步依赖帮助你专注于应用程序需要的功能类型，而非提供该功能的具体库和版本。与此同时，自动配置把你从样板式的配置中解放了出来。这些配置在没有Spring Boot的Spring应用程序里非常常见。

虽然自动配置很方便，但在开发Spring应用程序时其中的一些用法也有点武断。要是你在配置Spring时希望或者需要有所不同，该怎么办？在第3章，我们将会看到如何覆盖Spring Boot自动配置，借此达成应用程序的一些目标，还有如何运用类似的技术来配置自己的应用程序组件。

第 3 章 自定义配置

本章内容
- 覆盖自动配置的Bean
- 用外置属性进行配置
- 自定义错误页

能自由选择真是太棒了。如果你订过比萨（有没订过的吗？）就会知道，你完全可以掌控薄饼上放哪些辅料。选定腊肠、意大利辣香肠、青辣椒和额外芝士的时候，你就是在按照自己的要求配置比萨。

另一方面，大部分比萨店也提供某种形式的自动配置。你可以点荤比萨、素比萨、香辣意大利比萨，或者是自动配置比萨中的极品——至尊比萨。在下单时，你并没有指定具体的辅料，你所点的比萨种类决定了所用的辅料。

但如果你想要至尊比萨上的全部辅料，还想要加墨西哥胡椒，又不想放蘑菇该怎么办？你偏爱辣食又不喜欢吃菌类，自动配置不适合你的口味，你就只能自己配置比萨了吗？当然不是，大部分比萨店会让你以菜单上已有的选项为基础进行定制。

使用传统Spring配置的过程，就如同订比萨的时候自己指定全部的辅料。你可以完全掌控Spring配置的内容，可是显式声明应用程序里全部的Bean并不是明智之举。而Spring Boot自动配置就像是从菜单上选一份特色比萨，让Spring Boot处理各种细节比自己声明上下文里全部的Bean要容易很多。

幸运的是，Spring Boot自动配置非常灵活。就像比萨厨师可以不在你的比萨里放蘑菇，而是加墨西哥胡椒一样，Spring Boot能让你参与进来，影响自动配置的实施。

本章我们将看到两种影响自动配置的方式——使用显式配置进行覆盖和使用属性进行精细化配置。我们还会看到如何使用Spring Boot提供的钩子引入自定义的错误页。

3.1 覆盖 Spring Boot 自动配置

一般来说，如果不用配置就能得到和显式配置一样的结果，那么不写配置是最直接的选择。既然如此，那干嘛还要多做额外的工作呢？如果不用编写和维护额外的配置代码也行，那何必还要它们呢？

大多数情况下，自动配置的Bean刚好能满足你的需要，不需要去覆盖它们。但某些情况下，Spring Boot在自动配置时还不能很好地进行推断。

这里有个不错的例子：当你在应用程序里添加安全特性时，自动配置做得还不够好。安全配置并不是放之四海而皆准的，围绕应用程序安全有很多决策要做，Spring Boot不能替你做决定。虽然Spring Boot为安全提供了一些基本的自动配置，但是你还是需要自己覆盖一些配置以满足特定的安全要求。

想知道如何用显式的配置来覆盖自动配置，我们先从为阅读列表应用程序添加Spring Security入手。在了解自动配置提供了什么之后，我们再来覆盖基础的安全配置，以满足特定的场景需求。

3.1.1 保护应用程序

Spring Boot自动配置让应用程序的安全工作变得易如反掌，你要做的只是添加Security起步依赖。以Gradle为例，应添加如下依赖：

```
compile("org.springframework.boot:spring-boot-starter-security")
```

如果使用Maven，那么你要在项目的`<dependencies>`块中加入如下`<dependency>`：

```
<dependency>
  <groupId>org.springframework.boot</groupId>
  <artifactId>spring-boot-starter-security</artifactId>
</dependency>
```

这样就搞定了！重新构建应用程序后运行即可，现在这就是一个安全的Web应用程序了！Security起步依赖在应用程序的Classpath里添加了Spring Secuirty（和其他一些东西）。Classpath里有Spring Security后，自动配置就能介入其中创建一个基本的Spring Security配置。

试着在浏览器里打开该应用程序，你马上就会看到HTTP基础身份验证对话框。此处的用户名是user，密码就有点麻烦了。密码是在应用程序每次运行时随机生成后写入日志的，你需要查找日志消息（默认写入标准输出），找到此类内容：

```
Using default security password: d9d8abe5-42b5-4f20-a32a-76ee3df658d9
```

我不能肯定，但我猜这个特定的安全配置并不是你的理想选择。首先，HTTP基础身份验证对话框有点粗糙，对用户并不友好。而且，我敢打赌你一般不会开发这种只有一个用户的应用程序，而且他还要从日志文件里找到自己的密码。因此，你会希望修改Spring Security的一些配置，至少要有一个好看一些的登录页，还要有一个基于数据库或LDAP（Lightweight Directory Access Protocol）用户存储的身份验证服务。

让我们看看如何写出Spring Secuirty配置，覆盖自动配置的安全设置吧。

3.1.2 创建自定义的安全配置

覆盖自动配置很简单，就当自动配置不存在，直接显式地写一段配置。这段显式配置的形式不限，Spring支持的XML和Groovy形式配置都可以。

在编写显式配置时，我们会专注于Java形式的配置。在Spring Security的场景下，这意味着写一个扩展了`WebSecurityConfigurerAdapter`的配置类。代码清单3-1中的`SecurityConfig`就是我们需要的东西。

代码清单3-1　覆盖自动配置的显式安全配置

```java
package readinglist;

import org.springframework.beans.factory.annotation.Autowired;
import org.springframework.context.annotation.Configuration;
import org.springframework.security.config.annotation.authentication.
                                builders.AuthenticationManagerBuilder;
import org.springframework.security.config.annotation.web.builders.
                                                         HttpSecurity;
import org.springframework.security.config.annotation.web.configuration.
                                                    EnableWebSecurity;
import org.springframework.security.config.annotation.web.configuration.
                                           WebSecurityConfigurerAdapter;
import org.springframework.security.core.userdetails.UserDetails;
import org.springframework.security.core.userdetails.UserDetailsService;
import org.springframework.security.core.userdetails.
                                            UsernameNotFoundException;

@Configuration
@EnableWebSecurity
public class SecurityConfig extends WebSecurityConfigurerAdapter {

  @Autowired
  private ReaderRepository readerRepository;

  @Override
  protected void configure(HttpSecurity http) throws Exception {
    http
      .authorizeRequests()
        .antMatchers("/").access("hasRole('READER')")   // 要求登录者有 READER 角色
        .antMatchers("/**").permitAll()

      .and()

      .formLogin()
        .loginPage("/login")                             // 设置登录表单的路径
        .failureUrl("/login?error=true");
  }
```

```
        @Override
        protected void configure(
                    AuthenticationManagerBuilder auth) throws Exception {
          auth
            .userDetailsService(new UserDetailsService() {        ◁┄┄┄┄ 定义自定义
              @Override                                                UserDetailsService
              public UserDetails loadUserByUsername(String username)
                  throws UsernameNotFoundException {
                return readerRepository.findOne(username);
              }
            });
        }
    }
```

`SecurityConfig`是个非常基础的Spring Security配置，尽管如此，它还是完成了不少安全定制工作。通过这个自定义的安全配置类，我们让Spring Boot跳过了安全自动配置，转而使用我们的安全配置。

扩展了`WebSecurityConfigurerAdapter`的配置类可以覆盖两个不同的`configure()`方法。在`SecurityConfig`里，第一个`configure()`方法指明，"/"（`ReadingListController`的方法映射到了该路径）的请求只有经过身份认证且拥有READER角色的用户才能访问。其他的所有请求路径向所有用户开放了访问权限。这里还将登录页和登录失败页（带有一个`error`属性）指定到了/login。

Spring Security为身份认证提供了众多选项，后端可以是JDBC（Java Database Connectivity）、LDAP和内存用户存储。在这个应用程序中，我们会通过JPA用数据库来存储用户信息。第二个`configure()`方法设置了一个自定义的`UserDetailsService`，这个服务可以是任意实现了`UserDetailsService`的类，用于查找指定用户名的用户。代码清单3-2提供了一个匿名内部类实现，简单地调用了注入`ReaderRepository`（这是一个Spring Data JPA仓库接口）的`findOne()`方法。

代码清单3-2　用来持久化读者信息的仓库接口

```
    package readinglist;
    import org.springframework.data.jpa.repository.JpaRepository;
                                                                    通过JPA持
    public interface ReaderRepository                          ◁┄┄ 久化读者
            extends JpaRepository<Reader, String> {
    }
```

和`BookRepository`类似，你无需自己实现`ReaderRepository`。这是因为它扩展了`JpaRepository`，Spring Data JPA会在运行时自动创建它的实现。这为你提供了18个操作`Reader`实体的方法。

说到`Reader`实体，`Reader`类（如代码清单3-3所示）就是最后一块拼图了，它就是一个简单的JPA实体，其中有几个字段用来存储用户名、密码和用户全名。

代码清单3-3　定义Reader的JPA实体

```java
package readinglist;
import java.util.Arrays;
import java.util.Collection;
import javax.persistence.Entity;
import javax.persistence.Id;
import org.springframework.security.core.GrantedAuthority;
import org.springframework.security.core.authority.SimpleGrantedAuthority;
import org.springframework.security.core.userdetails.UserDetails;

@Entity
public class Reader implements UserDetails {

  private static final long serialVersionUID = 1L;

  @Id
  private String username;
  private String fullname;           // Reader字段
  private String password;

  public String getUsername() {
    return username;
  }

  public void setUsername(String username) {
    this.username = username;
  }

  public String getFullname() {
    return fullname;
  }

  public void setFullname(String fullname) {
    this.fullname = fullname;
  }

  public String getPassword() {
    return password;
  }

  public void setPassword(String password) {
    this.password = password;
  }

  // UserDetails methods

  @Override
  public Collection<? extends GrantedAuthority> getAuthorities() {    // 授予READER权限
    return Arrays.asList(new SimpleGrantedAuthority("READER"));
  }
```

```
    @Override
    public boolean isAccountNonExpired() {       ◀─┐
      return true;
    }

    @Override
    public boolean isAccountNonLocked() {        ◀─┤   不过期，不加锁，
      return true;                                 │   不禁用
    }

    @Override
    public boolean isCredentialsNonExpired() {   ◀─┤
      return true;
    }

    @Override
    public boolean isEnabled() {                 ◀─┘
      return true;
    }

}
```

如你所见，`Reader`用了`@Entity`注解，所以这是一个JPA实体。此外，它的`username`字段上有`@Id`注解，表明这是实体的ID。这个选择无可厚非，因为`username`应该能唯一标识一个`Reader`。

你应该还注意到`Reader`实现了`UserDetails`接口以及其中的方法，这样`Reader`就能代表Spring Security里的用户了。`getAuthorities()`方法被覆盖过了，始终会为用户授予READER权限。`isAccountNonExpired()`、`isAccountNonLocked()`、`isCredentialsNonExpired()`和`isEnabled()`方法都返回`true`，这样读者账户就不会过期，不会被锁定，也不会被撤销。

重新构建并重启应用程序后，你应该就能以读者身份登录应用程序了。

保持简单　在一个大型应用程序里，赋予用户的授权本身也可能是实体，它们被维护在独立的数据表里。同样，表示一个账户是否为非过期、非锁定且可用的布尔值也是数据库里的字段。但是，出于演示考虑，我决定让这些细节保持简单，以免分散我们的注意力，影响正在讨论的话题——我说的是覆盖Spring Boot自动配置。

在安全配置方面，我们还能做更多事情[①]，但此刻这样就足够了，上面的例子足以演示如何覆盖Spring Boot提供的安全自动配置。

再重申一次，想要覆盖Spring Boot的自动配置，你所要做的仅仅是编写一个显式的配置。Spring Boot会发现你的配置，随后降低自动配置的优先级，以你的配置为准。想弄明白这是如何实现的，让我们揭开Spring Boot自动配置的神秘面纱，看看它是如何运作的，以及它是怎么允许自己被覆盖的。

---

① 想要深入了解Spring Security，可以参考《Spring实战（第4版）》中的第9章和第14章。

3.1.3 掀开自动配置的神秘面纱

正如我们在2.3.3节里讨论的那样，Spring Boot自动配置自带了很多配置类，每一个都能运用在你的应用程序里。它们都使用了Spring 4.0的条件化配置，可以在运行时判断这个配置是该被运用，还是该被忽略。

大部分情况下，表2-1里的`@ConditionalOnMissingBean`注解是覆盖自动配置的关键。Spring Boot的`DataSourceAutoConfiguration`中定义的`JdbcTemplate` Bean就是一个非常简单的例子，演示了`@ConditionalOnMissingBean`如何工作：

```
@Bean
@ConditionalOnMissingBean(JdbcOperations.class)
public JdbcTemplate jdbcTemplate() {
  return new JdbcTemplate(this.dataSource);
}
```

`jdbcTemplate()`方法上添加了`@Bean`注解，在需要时可以配置出一个`JdbcTemplate` Bean。但它上面还加了`@ConditionalOnMissingBean`注解，要求当前不存在`JdbcOperations`类型（`JdbcTemplate`实现了该接口）的Bean时才生效。如果当前已经有一个`JdbcOperations` Bean了，条件即不满足，不会执行`jdbcTemplate()`方法。

什么情况下会存在一个`JdbcOperations` Bean呢？Spring Boot的设计是加载应用级配置，随后再考虑自动配置类。因此，如果你已经配置了一个`JdbcTemplate` Bean，那么在执行自动配置时就已经存在一个`JdbcOperations`类型的Bean了，于是忽略自动配置的`JdbcTemplate` Bean。

关于Spring Security，自动配置会考虑几个配置类。在这里讨论每个配置类的细节是不切实际的，但覆盖Spring Boot自动配置的安全配置时，最重要的一个类是`SpringBootWebSecurityConfiguration`。以下是其中的一个代码片段：

```
@Configuration
@EnableConfigurationProperties
@ConditionalOnClass({ EnableWebSecurity.class })
@ConditionalOnMissingBean(WebSecurityConfiguration.class)
@ConditionalOnWebApplication
public class SpringBootWebSecurityConfiguration {

...

}
```

如你所见，`SpringBootWebSecurityConfiguration`上加了好几个注解。看到`@ConditionalOnClass`注解后，你就应该知道Classpath里必须要有`@EnableWebSecurity`注解。`@ConditionalOnWebApplication`说明这必须是个Web应用程序。`@ConditionalOnMissingBean`注解才是我们的安全配置类代替`SpringBootWebSecurityConfiguration`的关键所在。

`@ConditionalOnMissingBean`注解要求当下没有`WebSecurityConfiguration`类型的Bean。虽然表面上我们并没有这么一个Bean，但通过在`SecurityConfig`上添加`@EnableWeb-`

Security注解，我们实际上间接创建了一个`WebSecurityConfiguration` Bean。所以在自动配置时，这个Bean就已经存在了，`@ConditionalOnMissingBean`条件不成立，`SpringBoot-WebSecurityConfiguration`提供的配置就被跳过了。

虽然Spring Boot的自动配置和`@ConditionalOnMissingBean`让你能显式地覆盖那些可以自动配置的Bean，但并不是每次都要做到这种程度。让我们来看看怎么通过设置几个简单的配置属性调整自动配置组件吧。

3.2 通过属性文件外置配置

在处理应用安全时，你当然会希望完全掌控所有配置。不过，为了微调一些细节，比如改改端口号和日志级别，便放弃自动配置，这是一件让人羞愧的事。为了设置数据库URL，是配置一个属性简单，还是完整地声明一个数据源的Bean简单？答案不言自明，不是吗？

事实上，Spring Boot自动配置的Bean提供了300多个用于微调的属性。当你调整设置时，只要在环境变量、Java系统属性、JNDI（Java Naming and Directory Interface）、命令行参数或者属性文件里进行指定就好了。

要了解这些属性，让我们来看个非常简单的例子。你也许已经注意到了，在命令行里运行阅读列表应用程序时，Spring Boot有一个ascii-art Banner。如果你想禁用这个Banner，可以将`spring.main.show-banner`属性设置为`false`。有几种实现方式，其中之一就是在运行应用程序的命令行参数里指定：

```
$ java -jar readinglist-0.0.1-SNAPSHOT.jar --spring.main.show-banner=false
```

另一种方式是创建一个名为application.properties的文件，包含如下内容：

```
spring.main.show-banner=false
```

或者，如果你喜欢的话，也可以创建名为application.yml的YAML文件，内容如下：

```
spring:
  main:
    show-banner: false
```

还可以将属性设置为环境变量。举例来说，如果你用的是bash或者zsh，可以用`export`命令：

```
$ export spring_main_show_banner=false
```

请注意，这里用的是下划线而不是点和横杠，这是对环境变量名称的要求。

实际上，Spring Boot应用程序有多种设置途径。Spring Boot能从多种属性源获得属性，包括如下几处。

(1) 命令行参数
(2) `java:comp/env`里的JNDI属性
(3) JVM系统属性
(4) 操作系统环境变量

(5) 随机生成的带`random.*`前缀的属性(在设置其他属性时,可以引用它们,比如`${random.long}`)
(6) 应用程序以外的application.properties或者appliaction.yml文件
(7) 打包在应用程序内的application.properties或者appliaction.yml文件
(8) 通过`@PropertySource`标注的属性源
(9) 默认属性

这个列表按照优先级排序,也就是说,任何在高优先级属性源里设置的属性都会覆盖低优先级的相同属性。例如,命令行参数会覆盖其他属性源里的属性。

application.properties和application.yml文件能放在以下四个位置。
(1) 外置,在相对于应用程序运行目录的/config子目录里。
(2) 外置,在应用程序运行的目录里。
(3) 内置,在config包内。
(4) 内置,在Classpath根目录。

同样,这个列表按照优先级排序。也就是说,/config子目录里的application.properties会覆盖应用程序Classpath里的application.properties中的相同属性。

此外,如果你在同一优先级位置同时有application.properties和application.yml,那么application.yml里的属性会覆盖application.properties里的属性。

禁用ascii-art Banner只是使用属性的一个小例子。让我们再看几个例子,看看如何通过常用途径微调自动配置的Bean。

3.2.1 自动配置微调

如上所说,有300多个属性可以用来微调Spring Boot应用程序里的Bean。附录C有一个详尽的列表。此处无法逐一描述它们的细节,因此我们就通过几个例子来了解一些Spring Boot暴露的实用属性。

1. 禁用模板缓存

如果阅读列表应用程序经过了几番修改,你一定已经注意到了,除非重启应用程序,否则对Thymeleaf模板的变更是不会生效的。这是因为Thymeleaf模板默认缓存。这有助于改善应用程序的性能,因为模板只需编译一次,但在开发过程中就不能实时看到变更的效果了。

将`spring.thymeleaf.cache`设置为`false`就能禁用Thymeleaf模板缓存。在命令行里运行应用程序时,将其设置为命令行参数即可:

```
$ java -jar readinglist-0.0.1-SNAPSHOT.jar --spring.thymeleaf.cache=false
```

或者,如果你希望每次运行时都禁用缓存,可以创建一个application.yml,包含以下内容:

```yaml
spring:
  thymeleaf:
    cache: false
```

你一定要确保这个文件不会发布到生产环境，否则生产环境里的应用程序就无法享受模板缓存带来的性能提升了。

作为开发者，在修改模板时始终关闭缓存实在太方便了。为此，可以通过环境变量来禁用Thymeleaf缓存：

```
$ export spring_thymeleaf_cache=false
```

此处使用Thymeleaf作为应用程序的视图，Spring Boot支持的其他模板也能关闭模板缓存，设置这些属性就好了：

- `spring.freemarker.cache`（Freemarker）
- `spring.groovy.template.cache`（Groovy模板）
- `spring.velocity.cache`（Velocity）

默认情况下，这些属性都为`true`，也就是开启缓存。将它们设置为`false`即可禁用缓存。

2. 配置嵌入式服务器

从命令行（或者Spring Tool Suite）运行Spring Boot应用程序时，应用程序会启动一个嵌入式的服务器（默认是Tomcat），监听8080端口。大部分情况下这样挺好，但同时运行多个应用程序可能会有问题。要是所有应用程序都试着让Tomcat服务器监听同一个端口，在启动第二个应用程序时就会有冲突。

无论出于什么原因，让服务器监听不同的端口，你所要做的就是设置`server.port`属性。要是只改一次，可以用命令行参数：

```
$ java -jar readinglist-0.0.1-SNAPSHOT.jar --server.port=8000
```

但如果希望端口变更时间更长一点，可以在其他支持的配置位置上设置`server.port`。例如，把它放在应用程序Classpath根目录的application.yml文件里：

```
server:
  port: 8000
```

除了服务器的端口，你还可能希望服务器提供HTTPS服务。为此，第一步就是用JDK的`keytool`工具来创建一个密钥存储（keystore）：

```
$ keytool -keystore mykeys.jks -genkey -alias tomcat -keyalg RSA
```

该工具会询问几个与名字和组织相关的问题，大部分都无关紧要。但在被问到密码时，一定要记住你的选择。在本例中，我选择letmein作为密码。

现在只需要设置几个属性就能开启嵌入式服务器的HTTPS服务了。可以把它们都配置在命令行里，但这样太不方便了。可以把它们放在application.properties或application.yml里。在application.yml中，它们可能是这样的：

```
server:
  port: 8443
  ssl:
    key-store: file:///path/to/mykeys.jks
```

```
          key-store-password: letmein
          key-password: letmein
```

此处的`server.port`设置为8443，开发环境的HTTPS服务器大多会选这个端口。`server.ssl.key-store`属性指向密钥存储文件的存放路径。这里用了一个file://开头的URL，从文件系统里加载该文件。你也可以把它打包在应用程序的JAR文件里，用`classpath:` URL来引用它。`server.ssl.key-store-password`和`server.ssl.key-password`设置为创建该文件时给定的密码。

有了这些属性，应用程序就能在8443端口上监听HTTPS请求了。（根据你所用的浏览器，可能会出现警告框提示该服务器无法验证其身份。在开发时，访问的是localhost，这没什么好担心的。）

3. 配置日志

大多数应用程序都提供了某种形式的日志。即使你的应用程序不会直接记录日志，你所用的库也会记录它们的活动。

默认情况下，Spring Boot会用Logback（http://logback.qos.ch）来记录日志，并用INFO级别输出到控制台。在运行应用程序和其他例子时，你应该已经看到很多INFO级别的日志了。

用其他日志实现替换Logback

一般来说，你不需要切换日志实现；Logback能很好地满足你的需要。但是，如果决定使用Log4j或者Log4j2，那么你只需要修改依赖，引入对应该日志实现的起步依赖，同时排除掉Logback。

以Maven为例，应排除掉根起步依赖传递引入的默认日志起步依赖，这样就能排除Logback了：

```xml
<dependency>
  <groupId>org.springframework.boot</groupId>
  <artifactId>spring-boot-starter</artifactId>
  <exclusions>
    <exclusion>
      <groupId>org.springframework.boot</groupId>
      <artifactId>spring-boot-starter-logging</artifactId>
    </exclusion>
  </exclusions>
</dependency>
```

在Gradle里，在`configurations`下排除该起步依赖是最简单的办法：

```
configurations {
  all*.exclude group:'org.springframework.boot',
               module:'spring-boot-starter-logging'
}
```

排除默认日志的起步依赖后，就可以引入你想用的日志实现的起步依赖了。在Maven里可以这样添加Log4j：

```xml
<dependency>
  <groupId>org.springframework.boot</groupId>
  <artifactId>spring-boot-starter-log4j</artifactId>
</dependency>
```

在Gradle里可以这样添加Log4j：

```
compile("org.springframework.boot:spring-boot-starter-log4j")
```

如果你想用Log4j2，可以把spring-boot-starter-log4j改成spring-boot-starter-log4j2。

要完全掌握日志配置，可以在Classpath的根目录（src/main/resources）里创建logback.xml文件。下面是一个logback.xml的简单例子：

```xml
<configuration>
  <appender name="STDOUT" class="ch.qos.logback.core.ConsoleAppender">
    <encoder>
      <pattern>
        %d{HH:mm:ss.SSS} [%thread] %-5level %logger{36} - %msg%n
      </pattern>
    </encoder>
  </appender>

  <logger name="root" level="INFO"/>

  <root level="INFO">
    <appender-ref ref="STDOUT" />
  </root>
</configuration>
```

除了日志格式之外，这个Logback配置和不加logback.xml文件的默认配置差不多。但是，通过编辑logback.xml，你可以完全掌控应用程序的日志文件。哪些配置应该放进logback.xml这个话题不在本书的讨论范围内，请参考Logback的文档以了解更多信息。

即使如此，你对日志配置最常做的改动就是修改日志级别和指定日志输出的文件。使用了Spring Boot的配置属性后，你可以在不创建logback.xml文件的情况下修改那些配置。

要设置日志级别，你可以创建以logging.level开头的属性，后面是要日志名称。如果根日志级别要设置为WARN，但Spring Security的日志要用DEBUG级别，可以在application.yml里加入以下内容：

```yaml
logging:
  level:
    root: WARN
    org:
      springframework:
        security: DEBUG
```

另外，你也可以把Spring Security的包名写成一行：

```yaml
logging:
  level:
    root: WARN
    org.springframework.security: DEBUG
```

现在，假设你想把日志写到位于/var/logs/目录里的BookWorm.log文件里。使用`logging.path`和`logging.file`属性就行了：

```
logging:
  path: /var/logs/
  file: BookWorm.log
  level:
    root: WARN
    org:
      springframework:
        security: DEBUG
```

假设应用程序有/var/logs/的写权限，日志就能被写入/var/logs/BookWorm.log。默认情况下，日志文件的大小达到10MB时会切分一次。

与之类似，这些属性也能在application.properties里设置：

```
logging.path=/var/logs/
logging.file=BookWorm.log
logging.level.root=WARN
logging.level.root.org.springframework.security=DEBUG
```

如果你还是想要完全掌控日志配置，但是又不想用logback.xml作为Logback配置的名字，可以通过`logging.config`属性指定自定义的名字：

```
logging:
  config:
    classpath:logging-config.xml
```

虽然一般并不需要改变配置文件的名字，但是如果你想针对不同运行时Profile使用不同的日志配置（见3.2.3节），这个功能会很有用。

4. 配置数据源

此时，我们还在开发阅读列表应用程序，嵌入式的H2数据库能很好地满足我们的需要。可是一旦要投放到生产环境，我们可能要考虑更持久的数据库解决方案。

虽然你可以显式配置自己的`DataSource` Bean，但通常并不用这么做，只需简单地通过属性配置数据库的URL和身份信息就可以了。举例来说，如果你用的是MySQL数据库，你的application.yml文件看起来可能是这样的：

```
spring:
  datasource:
    url: jdbc:mysql://localhost/readinglist
    username: dbuser
    password: dbpass
```

通常你都无需指定JDBC驱动，Spring Boot会根据数据库URL识别出需要的驱动，但如果识别出问题了，你还可以设置`spring.datasource.driver-class-name`属性：

```
spring:
  datasource:
    url: jdbc:mysql://localhost/readinglist
```

```
      username: dbuser
      password: dbpass
      driver-class-name: com.mysql.jdbc.Driver
```

在自动配置`DataSource Bean`的时候，Spring Boot会使用这里的连接数据。`DataSource Bean`是一个连接池，如果Classpath里有Tomcat的连接池`DataSource`，那么就会使用这个连接池；否则，Spring Boot会在Classpath里查找以下连接池：

- HikariCP
- Commons DBCP
- Commons DBCP 2

这里列出的只是自动配置支持的连接池，你还可以自己配置`DataSource Bean`，使用你喜欢的各种连接池。

你也可以设置`spring.datasource.jndi-name`属性，从JNDI里查找`DataSource`：

```
spring:
  datasource:
    jndi-name: java:/comp/env/jdbc/readingListDS
```

一旦设置了`spring.datasource.jndi-name`属性，其他数据源连接属性都会被忽略，除非没有设置别的数据源连接属性。

有很多影响Spring Boot自动配置组件的方法，只需设置一两个属性即可。但这种配置外置的方法并不局限于Spring Boot配置的Bean。让我们看看如何使用这种属性配置机制来微调自己的应用程序组件。

3.2.2　应用程序 Bean 的配置外置

假设我们在某人的阅读列表里不止想要展示图书标题，还要提供该书的Amazon链接。我们不仅想提供该书的链接，还要标记该书，以便利用Amazon的Associate Program，这样如果有人用我们应用程序里的链接买了书，我们还能收到一笔推荐费。

这很简单，只需修改Thymeleaf模板，以链接的形式来呈现每本书的标题就可以了：

```
<a th:href="'http://www.amazon.com/gp/product/'
          + ${book.isbn}
          + '/tag=habuma-20'"
   th:text="${book.title}">Title</a>
```

这样就好了。现在如果有人点击该链接并购买了本书，我就能得到推荐费了，因为habuma-20是我的Amazon Associate ID。如果你也想收到推荐费，可以把Thymeleaf模板中`tag`的值改成你的Amazon Associate ID。

虽然在模板里修改这个值很简单，但这毕竟也是硬编码。现在只在一个模板里链接到Amazon，但后续可能会有更多页面链接到Amazon，于是需要为应用程序添加功能。那样的话，修改Amazon Associate ID就要改动好几个地方。因此，这种细节最好不要放在代码里，要把它们集中在一个地方维护。

我们可以不在模板里硬编码Amazon Associate ID，而是把它变成模型中的一个值：

```
<a th:href="'http://www.amazon.com/gp/product/'
          + ${book.isbn}
          + '/tag=' + ${amazonID}"
   th:text="${book.title}">Title</a>
```

此外，`ReadingListController`需要在模型里包含`amazonID`这个键，其中的内容是Amazon Associate ID。同样的道理，我们不应该硬编码这个值，而是应该引用一个实例变量。这个变量的值应该来自属性配置。代码清单3-4就是新的`ReadingListController`，它会返回注入的Amazon Associate ID。

代码清单3-4　修改后的`ReadingListController`，能接受Amazon ID

```
package readinglist;

import java.util.List;

import org.springframework.beans.factory.annotation.Autowired;
import org.springframework.boot.context.properties.ConfigurationProperties;
import org.springframework.stereotype.Controller;
import org.springframework.ui.Model;
import org.springframework.web.bind.annotation.RequestMapping;
import org.springframework.web.bind.annotation.RequestMethod;

@Controller
@RequestMapping("/")
@ConfigurationProperties(prefix="amazon")          ← 属性注入
public class ReadingListController {

  private String associateId;

  private ReadingListRepository readingListRepository;

  @Autowired
  public ReadingListController(
        ReadingListRepository readingListRepository) {
    this.readingListRepository = readingListRepository;
  }

  public void setAssociateId(String associateId) {   ← associateId
    this.associateId = associateId;                     的setter方法
  }

  @RequestMapping(method=RequestMethod.GET)
  public String readersBooks(Reader reader, Model model) {
    List<Book> readingList =
             readingListRepository.findByReader(reader);
    if (readingList != null) {
      model.addAttribute("books", readingList);
      model.addAttribute("reader", reader);
      model.addAttribute("amazonID", associateId);    ← 将 associateId
    }                                                    放入模型
```

```
    return "readingList";
  }

  @RequestMapping(method=RequestMethod.POST)
  public String addToReadingList(Reader reader, Book book) {
    book.setReader(reader);
    readingListRepository.save(book);
    return "redirect:/";
  }

}
```

如你所见，`ReadingListController`现在有了一个`associateId`属性，还有对应的`setAssociateId()`方法，用它可以设置该属性。`readersBooks()`现在能通过`amazonID`这个键把`associateId`的值放入模型。

棒极了！现在就剩一个问题了——从哪里能取到`associateId`的值。

请注意，`ReadingListController`上加了`@ConfigurationProperties`注解，这说明该Bean的属性应该是（通过setter方法）从配置属性值注入的。说得更具体一点，`prefix`属性说明`ReadingListController`应该注入带`amazon`前缀的属性。

综合起来，我们指定`ReadingListController`的属性应该从带`amazon`前缀的配置属性中进行注入。`ReadingListController`只有一个setter方法，就是设置`associateId`属性用的setter方法。因此，设置Amazon Associate ID唯一要做的就是添加`amazon.associateId`属性，把它加入支持的任一属性源位置里即可。

例如，我们可以在application.properties里设置该属性：

```
amazon.associateId=habuma-20
```

或者在application.yml里设置：

```
amazon:
  associateId: habuma-20
```

或者，我们可以将其设置为环境变量，把它作为命令行参数，或把它加到任何能够设置配置属性的地方。

开启配置属性 从技术上来说，`@ConfigurationProperties`注解不会生效，除非先向Spring配置类添加`@EnableConfigurationProperties`注解。但通常无需这么做，因为Spring Boot自动配置后面的全部配置类都已经加上了`@EnableConfigurationProperties`注解。因此，除非你完全不使用自动配置（那怎么可能？），否则就无需显式地添加`@EnableConfigurationProperties`。

还有一点需要注意，Spring Boot的属性解析器非常智能，它会自动把驼峰规则的属性和使用连字符或下划线的同名属性关联起来。换句话说，`amazon.associateId`这个属性和`amazon.associate_id`以及`amazon.associate-id`都是等价的。用你习惯的命名规则就好。

在一个类里收集属性

虽然在`ReadingListController`上加上`@ConfigurationProperties`注解跑起来没问题，但这并不是一个理想的方案。`ReadingListController`和Amazon没什么关系，但属性的前缀却是amazon，这看起来难道不奇怪吗？再说，后续的各种功能可能需要在`ReadingListController`里新增配置属性，而它们和Amazon无关。

与其在`ReadingListController`里加载配置属性，还不如创建一个单独的Bean，为它加上`@ConfigurationProperties`注解，让这个Bean收集所有配置属性。代码清单3-5里的`AmazonProperties`就是一个例子，它用于加载Amazon相关的配置属性。

代码清单3-5　在一个Bean里加载配置属性

```
package readinglist;

import org.springframework.boot.context.properties.
                                   ConfigurationProperties;
import org.springframework.stereotype.Component;

@Component
@ConfigurationProperties("amazon")         ◁── 注入带amazon
public class AmazonProperties {                前缀的属性

  private String associateId;

  public void setAssociateId(String associateId) {   ◁── associateId的
    this.associateId = associateId;                      setter方法
  }

  public String getAssociateId() {
    return associateId;
  }

}
```

有了加载`amazon.associateId`配置属性的`AmazonProperties`后，我们可以调整`ReadingListController`（如代码清单3-6所示），让它从注入的`AmazonProperties`中获取Amazon Associate ID。

代码清单3-6　注入了`AmazonProperties`的`ReadingListController`

```
package readinglist;

import java.util.List;

import org.springframework.beans.factory.annotation.Autowired;
import org.springframework.stereotype.Controller;
import org.springframework.ui.Model;
import org.springframework.web.bind.annotation.RequestMapping;
import org.springframework.web.bind.annotation.RequestMethod;

@Controller
```

```
@RequestMapping("/")
public class ReadingListController {

  private ReadingListRepository readingListRepository;
  private AmazonProperties amazonProperties;

  @Autowired
  public ReadingListController(
      ReadingListRepository readingListRepository,
      AmazonProperties amazonProperties) {          ← 注入 AmazonProperties
    this.readingListRepository = readingListRepository;
    this.amazonProperties = amazonProperties;
  }

  @RequestMapping(method=RequestMethod.GET)
  public String readersBooks(Reader reader, Model model) {
    List<Book> readingList =
        readingListRepository.findByReader(reader);
    if (readingList != null) {
      model.addAttribute("books", readingList);
      model.addAttribute("reader", reader);
      model.addAttribute("amazonID", amazonProperties.getAssociateId());   ← 向模型中添加 Associate ID
    }
    return "readingList";
  }

  @RequestMapping(method=RequestMethod.POST)
  public String addToReadingList(Reader reader, Book book) {
    book.setReader(reader);
    readingListRepository.save(book);
    return "redirect:/";
  }

}
```

`ReadingListController`不再直接加载配置属性，转而通过注入其中的`AmazonProperties` Bean来获取所需的信息。

如你所见，配置属性在调优方面十分有用，这里说的调优不仅涵盖了自动配置的组件，还包括注入自有应用程序Bean的细节。但如果我们想为不同的部署环境配置不同的属性又该怎么办？让我们看看如何使用Spring的Profile来设置特定环境的配置。

3.2.3 使用 Profile 进行配置

当应用程序需要部署到不同的运行环境时，一些配置细节通常会有所不同。比如，数据库连接的细节在开发环境下和测试环境下就会不一样，在生产环境下又不一样。Spring Framework从Spring 3.1开始支持基于Profile的配置。Profile是一种条件化配置，基于运行时激活的Profile，会使用或者忽略不同的Bean或配置类。

举例来说，假设我们在代码清单3-1里创建的安全配置是针对生产环境的，而自动配置的安全配置用在开发环境刚刚好。在这个例子中，我们就能为`SecurityConfig`加上`@Profile`注解：

```
@Profile("production")
@Configuration
@EnableWebSecurity
public class SecurityConfig extends WebSecurityConfigurerAdapter {

    ...

}
```

这里用的`@Profile`注解要求运行时激活`production` Profile，这样才能应用该配置。如果`production` Profile没有激活，就会忽略该配置，而此时缺少其他用于覆盖的安全配置，于是应用自动配置的安全配置。

设置`spring.profiles.active`属性就能激活Profile，任意设置配置属性的方式都能用于设置这个值。例如，在命令行里运行应用程序时，可以这样激活`production` Profile：

```
$ java -jar readinglist-0.0.1-SNAPSHOT.jar --
    spring.profiles.active=production
```

也可以向application.yml里添加`spring.profiles.active`属性：

```
spring:
  profiles:
    active: production
```

还可以设置环境变量，将其放入application.properties，或者使用3.2节开头提到的各种方法。

但由于Spring Boot的自动配置替你做了太多的事情，要找到一个能放置`@Profile`的地方还真不怎么方便。幸运的是，Spring Boot支持为application.properties和application.yml里的属性配置Profile。

为了演示区分Profile的属性，假设你希望针对生产环境和开发环境能有不同的日志配置。在生产环境中，你只关心WARN或更高级别的日志项，想把日志写到日志文件里。在开发环境中，你只想把日志输出到控制台，记录DEBUG或更高级别。

而你所要做的就是为每个环境分别创建配置。那要怎么做呢？这取决于你用的是属性文件配置还是YAML配置。

1. 使用特定于Profile的属性文件

如果你正在使用application.properties，可以创建额外的属性文件，遵循application-{profile}.properties这种命名格式，这样就能提供特定于Profile的属性了。

在日志这个例子里，开发环境的配置可以放在名为application-development.properties的文件里，配置包含日志级别和输出到控制台：

```
logging.level.root=DEBUG
```

对于生产环境，application-production.properties会将日志级别设置为WARN或更高级别，并将日志写入日志文件：

```
logging.path=/var/logs/
logging.file=BookWorm.log
logging.level.root=WARN
```

与此同时，那些并不特定于哪个Profile或者保持默认值（以防万一有哪个特定于Profile的配置不指定这个值）的属性，可以继续放在application.properties里：

```
amazon.associateId=habuma-20
logging.level.root=INFO
```

2. 使用多Profile YAML文件进行配置

如果使用YAML来配置属性，则可以遵循与配置文件相同的命名规范，即创建application-{profile}.yml这样的YAML文件，并将与Profile无关的属性继续放在application.yml里。

但既然用了YAML，你就可以把所有Profile的配置属性都放在一个application.yml文件里。举例来说，我们可以像下面这样声明日志配置：

```
logging:
  level:
    root: INFO

---

spring:
  profiles: development

logging:
  level:
    root: DEBUG

---

spring:
  profiles: production

logging:
  path: /tmp/
  file: BookWorm.log
  level:
    root: WARN
```

如你所见，这个application.yml文件分为三个部分，使用一组三个连字符（---）作为分隔符。第二段和第三段分别为`spring.profiles`指定了一个值，这个值表示该部分配置应该应用在哪个Profile里。第二段中定义的属性应用于开发环境，因为`spring.profiles`设置为`development`。与之类似，最后一段的`spring.profile`设置为`production`，在production Profile被激活时生效。

另一方面，第一段并未指定`spring.profiles`，因此这里的属性对全部Profile都生效，或者对那些未设置该属性的激活Profile生效。

除了自动配置和外置配置属性，Spring Boot还有其他简化常用开发任务的绝招：它自动配置了一个错误页面,在应用程序遇到错误时显示。3.3节,我们会介绍Spring Boot的错误页,以及如何定制这个错误页来适应我们的应用程序。

3.3 定制应用程序错误页面

错误总是会发生的,那些在生产环境里最健壮的应用程序偶尔也会遇到麻烦。虽然减小用户遇到错误的概率很重要,但让应用程序展现一个好的错误页面也同样重要。

近年来,富有创意的错误页已经成为了一种艺术。如果你曾见到过GitHub.com的星球大战错误页,或者是DropBox.com的Escher立方体错误页的话,你就能明白我在说什么了。

我不知道你在使用阅读列表应用程序时有没有碰到错误,如果有的话,你看到的页面应该和图3-1里的很像。

Spring Boot默认提供这个"白标"(whitelabel)错误页,这是自动配置的一部分。虽然这比Stacktrace页面要好一点,但和网上那些伟大的错误页艺术品却不可同日而语。为了让你的应用程序故障页变成大师级作品,你需要为应用程序创建一个自定义的错误页。

Spring Boot自动配置的默认错误处理器会查找名为error的视图,如果找不到就用默认的白标错误视图,如图3-1所示。因此,最简单的方法就是创建一个自定义视图,让解析出的视图名为error。

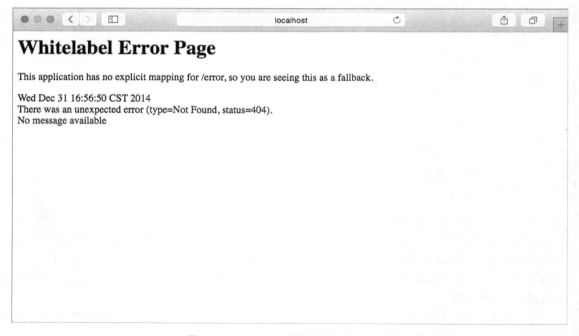

图3-1　Spring Boot的默认白标错误页面

3.3 定制应用程序错误页面

这一点归根到底取决于错误视图解析时的视图解析器。

- 实现了Spring的`View`接口的Bean，其 ID为`error`（由Spring的`BeanNameViewResolver`所解析）。
- 如果配置了Thymeleaf，则有名为error.html的Thymeleaf模板。
- 如果配置了FreeMarker，则有名为error.ftl的FreeMarker模板。
- 如果配置了Velocity，则有名为error.vm的Velocity模板。
- 如果是用JSP视图，则有名为error.jsp的JSP模板。

因为我们的阅读列表应用程序使用了Thymeleaf，所以我们要做的就是创建一个名为error.html的文件，把它和其他的应用程序模板一起放在模板文件夹里。代码清单3-7是一个简单有效的错误页，可以用来代替默认的白标错误页。

代码清单3-7　阅读列表应用程序的自定义错误页

```html
<html>
  <head>
    <title>Oops!</title>
    <link rel="stylesheet" th:href="@{/style.css}"></link>
  </head>

  <html>
    <div class="errorPage">
      <span class="oops">Oops!</span><br/>
      <img th:src="@{/MissingPage.png}"></img>
      <p>There seems to be a problem with the page you requested
        (<span th:text="${path}"></span>).</p>

      <p th:text="${'Details: ' + message}"></p>
    </div>
  </html>

</html>
```

显示请求路径

显示错误明细

这个自定义的错误模板应该命名为error.html，放在模板目录里，这样Thymeleaf模板解析器才能找到它。在典型的Maven或Gradle项目里，这就意味着要把该文件放在src/main/resources/templates中，运行时它就在Classpath的根目录里。

基本上，这个简单的Thymeleaf模板就是显示一张图片和一些提示错误的文字。其中有两处特别的信息需要呈现：错误的请求路径和异常消息。但这还不是错误页上的全部细节。默认情况下，Spring Boot会为错误视图提供如下错误属性。

- `timestamp`：错误发生的时间。
- `status`：HTTP状态码。
- `error`：错误原因。
- `exception`：异常的类名。
- `message`：异常消息（如果这个错误是由异常引起的）。
- `errors`：`BindingResult`异常里的各种错误（如果这个错误是由异常引起的）。

- `trace`：异常跟踪信息（如果这个错误是由异常引起的）。
- `path`：错误发生时请求的URL路径。

其中某些属性，比如`path`，在向用户交待问题时还是很有用的。其他的，比如`trace`，用起来要保守一点，将其隐藏，或者用得聪明点，让错误页尽可能对用户友好。

请注意，模板里还引用了一张名为MissingPage.png的图片。图片的实际内容并不重要，所以尽情挑选适合你的图片就好了，但请一定将它放在src/main/resources/static或src/main/resources/public里，这样应用程序运行时才能找到它。

图3-2是发生错误时用户会看到的页面。虽然它算不上一件艺术品，但还是把应用程序错误页的艺术水准稍微提高了那么一点。

图3-2　遇到错误时展现的自定义错误页

3.4　小结

Spring Boot消除了Spring应用程序中经常要用到的很多样板式配置。让Spring Boot处理全部配置，你可以仰仗它来配置那些适合你的应用程序的组件。当自动配置无法满足需求时，Spring Boot允许你覆盖并微调它提供的配置。

覆盖自动配置其实很简单，就是显式地编写那些没有Spring Boot时你要做的Spring配置。Spring Boot的自动配置被设计为优先使用应用程序提供的配置，然后才轮到自己的自动配置。

即使自动配置合适，你仍然需要调整一些细节。Spring Boot会开启多个属性解析器，让你通过环境变量、属性文件、YAML文件等多种方式来设置属性，以此微调配置。这套基于属性的配置模型也能用于应用程序自己定义的组件，可以从外部配置源加载属性并注入到Bean里。

Spring Boot还自动配置了一个简单的白标错误页，虽然它比异常跟踪信息友好一点，但在艺术性方面还有很大的提升空间。幸运的是，Spring Boot提供了好几种选项来自定义或完全替换这个白标错误页，以满足应用程序的特定风格。

现在我们已经用Spring Boot写了一个完整的应用程序，我们会验证它能否满足预期。除了自己在浏览器里手工点点之外，我们还应该要写一些自动化、可重复运行的测试来检查这个应用程序，证明它能正确运作。这也是我们在第4章里要做的事。

第 4 章 测 试

本章内容
- 集成测试
- 在服务器里测试应用程序
- Spring Boot的测试辅助工具

有人说，如果你不知道要去哪，走就是了。但在软件开发领域，如果你没有目标，那结果往往是开发出一个满是bug的应用程序，没人用得了。

在编写应用程序时，明确目标的最佳方法就是写测试，确定应用程序的行为是否符合预期。如果测试失败了，你就有活要干了。如果测试通过了，那你就成功了（至少在你觉得还有其他测试要写之前，是这样的）。

究竟是在编写业务代码之前还是之后写测试，这并不重要。重要的是，写测试不仅仅是为了验证代码的准确性，还要确认它符合预期。测试也是一道保障，确认应用程序在改进的同时不会破坏已有的东西。

在编写单元测试的时候，Spring通常不需要介入。Spring鼓励松耦合、接口驱动的设计，这些都能让你很轻松地编写单元测试。但是在写单元测试时并不需要用到Spring。

但是，集成测试要用到Spring。如果生产应用程序使用Spring来配置并组装组件，那么测试就需要用它来配置并组装那些组件。

Spring的`SpringJUnit4ClassRunner`可以在基于JUnit的应用程序测试里加载Spring应用程序上下文。在测试Spring Boot应用程序时，Spring Boot除了拥有Spring的集成测试支持，还开启了自动配置和Web服务器，并提供了不少实用的测试辅助工具。

在本章中，我们会看到Spring Boot的各种集成测试支持。让我们先来看看如何在Spring Boot应用程序上下文里做测试。

4.1 集成测试自动配置

Spring Framework的核心工作是将所有组件编织在一起，构成一个应用程序。整个过程就是读取配置说明（可以是XML、基于Java的配置、基于Groovy的配置或其他类型的配置），在应用程序上下文里初始化Bean，将Bean注入依赖它们的其他Bean中。

对Spring应用程序进行集成测试时，让Spring遵照生产环境来组装测试目标Bean是非常重要的一点。当然，你也可以手动初始化组件，并将它们注入其他组件，但对那些大型应用程序来说，这是项费时费力的工作。而且，Spring提供了额外的辅助功能，比如组件扫描、自动织入和声明性切面（缓存、事务和安全，等等）。你要把这些活都干了，基本也就是把Spring再造了一次，最好还是让Spring替你把重活都做了吧，哪怕是在集成测试里。

Spring自1.1.1版就向集成测试提供了极佳的支持。自Spring 2.5开始，集成测试支持的形式就变成了`SpringJUnit4ClassRunner`。这是一个JUnit类运行器，会为JUnit测试加载Spring应用程序上下文，并为测试类自动织入所需的Bean。

举例来说，看一下代码清单4-1，这是一个非常基本的Spring集成测试。

代码清单4-1 用`SpringJUnit4ClassRunner`对Spring应用程序进行集成测试

```
@RunWith(SpringJUnit4ClassRunner.class)
@ContextConfiguration(                          ← 加载应用程序上
    classes=AddressBookConfiguration.class)        下文
public class AddressServiceTests {

  @Autowired
  private AddressService addressService;        ← 注入地址服务

  @Test
  public void testService() {                   ← 测试地址服务
    Address address = addressService.findByLastName("Sheman");
    assertEquals("P", address.getFirstName());
    assertEquals("Sherman", address.getLastName());
    assertEquals("42 Wallaby Way", address.getAddressLine1());
    assertEquals("Sydney", address.getCity());
    assertEquals("New South Wales", address.getState());
    assertEquals("2000", address.getPostCode());
  }

}
```

如你所见，`AddressServiceTests`上加注了`@RunWith`和`@ContextConfiguration`注解。`@RunWith`的参数是`SpringJUnit4ClassRunner.class`，开启了Spring集成测试支持。[①]与此同时，`@ContextConfiguration`指定了如何加载应用程序上下文。此处我们让它加载Address-BookConfiguration里配置的Spring应用程序上下文。

除了加载应用程序上下文，`SpringJUnit4ClassRunner`还能通过自动织入从应用程序上下文里向测试本身注入Bean。因为这是一个针对`AddressService` Bean的测试，所以需要将它注入测试。最后，`testService()`方法调用地址服务并验证了结果。

---

① 在Spring 4.2里，你可以选择基于规则的`SpringClassRule`和`SpringMethodRule`来代替`SpringJUnit4Class-Runner`。

虽然@ContextConfiguration在加载Spring应用程序上下文的过程中做了很多事情，但它没能加载完整的Spring Boot。Spring Boot应用程序最终是由SpringApplication加载的。它可以显式加载（如代码清单2-1所示），在这里也可以使用SpringBootServletInitializer（我们会在第8章里看到具体做法）。SpringApplication不仅加载应用程序上下文，还会开启日志、加载外部属性（application.properties或application.yml），以及其他Spring Boot特性。用@Context-Configuration则得不到这些特性。

要在集成测试里获得这些特性，可以把@ContextConfiguration替换为Spring Boot的@SpringApplicationConfiguration：

```
@RunWith(SpringJUnit4ClassRunner.class)
@SpringApplicationConfiguration(
      classes=AddressBookConfiguration.class)
public class AddressServiceTests {
   ...
}
```

@SpringApplicationConfiguration的用法和@ContextConfiguration大致相同，但也有不同的地方，@SpringApplicationConfiguration加载Spring应用程序上下文的方式同SpringApplication相同，处理方式和生产应用程序中的情况相同。这包括加载外部属性和Spring Boot日志。

我们有充分的理由说，在大多数情况下，为Spring Boot应用程序编写测试时应该用@Spring-ApplicationConfiguration代替@ContextConfiguration。在本章中，我们当然也会用@SpringApplicationConfiguration来为Spring Boot应用程序（包括那些面向前端的应用程序）编写测试。

说到Web测试，这正是我们接下来要做的。

4.2 测试 Web 应用程序

Spring MVC有一个优点：它的编程模型是围绕POJO展开的，在POJO上添加注解，声明如何处理Web请求。这种编程模型不仅简单，还让你能像对待应用程序中的其他组件一样对待这些控制器。你还可以针对这些控制器编写测试，就像测试POJO一样。

举例来说，考虑ReadingListController里的addToReadingList()方法：

```
@RequestMapping(method=RequestMethod.POST)
public String addToReadingList(Book book) {
   book.setReader(reader);
   readingListRepository.save(book);
   return "redirect:/readingList";
}
```

如果忽略@RequestMapping注解，你得到的就是一个相当基础的Java方法。你立马就能想到这样一个测试，提供一个ReadingListRepository的模拟实现，直接调用addToReading-List()，判断返回值并验证对ReadingListRepository的save()方法有过调用。

该测试的问题在于，它仅仅测试了方法本身，当然，这要比没有测试好一点。然而，它没有测试该方法处理/readingList的`POST`请求的情况，也没有测试表单域绑定到`Book`参数的情况。虽然你可以判断返回的`String`包含特定值，但没法明确测试请求在方法处理完之后是否真的会重定向到/readingList。

要恰当地测试一个Web应用程序，你需要投入一些实际的HTTP请求，确认它能正确地处理那些请求。幸运的是，Spring Boot开发者有两个可选的方案能实现这类测试。

- Spring Mock MVC：能在一个近似真实的模拟Servlet容器里测试控制器，而不用实际启动应用服务器。
- Web集成测试：在嵌入式Servlet容器（比如Tomcat或Jetty）里启动应用程序，在真正的应用服务器里执行测试。

这两种方法各有利弊。很明显，启动一个应用服务器会比模拟Servlet容器要慢一些，但毫无疑问基于服务器的测试会更接近真实环境，更接近部署到生产环境运行的情况。

接下来，你会看到如何使用Spring Mock MVC测试框架来测试Web应用程序。然后，在4.3节里你会看到如何为运行在应用服务器里的应用程序编写测试。

4.2.1 模拟 Spring MVC

早在Spring 3.2，Spring Framework就有了一套非常实用的Web应用程序测试工具，能模拟Spring MVC，不需要真实的Servlet容器也能对控制器发送HTTP请求。Spring的Mock MVC框架模拟了Spring MVC的很多功能。它几乎和运行在Servlet容器里的应用程序一样，尽管实际情况并非如此。

要在测试里设置Mock MVC，可以使用`MockMvcBuilders`，该类提供了两个静态方法。

- `standaloneSetup()`：构建一个Mock MVC，提供一个或多个手工创建并配置的控制器。
- `webAppContextSetup()`：使用Spring应用程序上下文来构建Mock MVC，该上下文里可以包含一个或多个配置好的控制器。

两者的主要区别在于，`standaloneSetup()`希望你手工初始化并注入你要测试的控制器，而`webAppContextSetup()`则基于一个`WebApplicationContext`的实例，通常由Spring加载。前者同单元测试更加接近，你可能只想让它专注于单一控制器的测试，而后者让Spring加载控制器及其依赖，以便进行完整的集成测试。

我们要用的是`webAppContextSetup()`。Spring完成了`ReadingListController`的初始化，并从Spring Boot自动配置的应用程序上下文里将其注入，我们直接对其进行测试。`webAppContextSetup()`接受一个`WebApplicationContext`参数。因此，我们需要为测试类加上`@WebAppConfiguration`注解，使用`@Autowired`将`WebApplicationContext`作为实例变量注入测试类。代码清单4-2演示了Mock MVC测试的执行入口。

代码清单4-2　为集成测试控制器创建Mock MVC

```
@RunWith(SpringJUnit4ClassRunner.class)
```

```
@SpringApplicationConfiguration(
        classes = ReadingListApplication.class)
@WebAppConfiguration                          ◁──── 开启Web上下文
public class MockMvcWebTests {                       测试

    @Autowired
    private WebApplicationContext webContext;     ◁──── 注入
                                                       WebApplicationContext
    private MockMvc mockMvc;

    @Before
    public void setupMockMvc() {
      mockMvc = MockMvcBuilders                  ◁──── 设置MockMvc
          .webAppContextSetup(webContext)
          .build();
    }

}
```

 @WebAppConfiguration 注解声明,由 SpringJUnit4ClassRunner 创建的应用程序上下文应该是一个 WebApplicationContext (相对于基本的非 WebApplicationContext)。

setupMockMvc() 方法上添加了 JUnit 的 @Before 注解,表明它应该在测试方法之前执行。它将 WebApplicationContext 注入 webAppContextSetup() 方法,然后调用 build() 产生了一个 MockMvc 实例,该实例赋给了一个实例变量,供测试方法使用。

现在我们有了一个 MockMvc,已经可以开始写测试方法了。我们先写个简单的测试方法,向 /readingList 发送一个 HTTP GET 请求,判断模型和视图是否满足我们的期望。下面的 homePage() 测试方法就是我们所需要的:

```
@Test
public void homePage() throws Exception {
  mockMvc.perform(MockMvcRequestBuilders.get("/readingList"))
      .andExpect(MockMvcResultMatchers.status().isOk())
      .andExpect(MockMvcResultMatchers.view().name("readingList"))
      .andExpect(MockMvcResultMatchers.model().attributeExists("books"))
      .andExpect(MockMvcResultMatchers.model().attribute("books",
          Matchers.is(Matchers.empty())));
}
```

如你所见,我们在这个测试方法里使用了很多静态方法,包括 Spring 的 MockMvcRequest-Builders 和 MockMvcResultMatchers 里的静态方法,还有 Hamcrest 库的 Matchers 里的静态方法。在深入探讨这个测试方法前,先添加一些静态 import,这样代码看起来更清爽一些:

```
import static org.hamcrest.Matchers.*;
import static org.springframework.test.web.servlet.request.
    ➥ MockMvcRequestBuilders.*;
import static org.springframework.test.web.servlet.result.
    ➥ MockMvcResultMatchers.*;
```

有了这些静态 import 后,测试方法可以稍作调整:

```
@Test
public void homePage() throws Exception {
  mockMvc.perform(get("/readingList"))
       .andExpect(status().isOk())
       .andExpect(view().name("readingList"))
       .andExpect(model().attributeExists("books"))
       .andExpect(model().attribute("books", is(empty())));
}
```

现在这个测试方法读起来就很自然了。首先向/readingList发起一个GET请求，接下来希望该请求处理成功（isOk()会判断HTTP 200响应码），并且视图的逻辑名称为readingList。测试还要断定模型包含一个名为books的属性，该属性是一个空集合。所有的断言都很直观。

值得一提的是，此处完全不需要将应用程序部署到Web服务器上，它是运行在模拟的Spring MVC中的，刚好能通过MockMvc实例处理我们给它的HTTP请求。

太酷了，不是吗？

让我们再来看一个测试方法，这次会更有趣，我们实际发送一个HTTP POST请求提交一本新书。我们应该期待POST请求处理后重定向回/readingList，模型将包含新添加的图书。代码清单4-3演示了如何通过Spring的Mock MVC来实现这个测试。

代码清单4-3 测试提交一本新书

```
@Test
public void postBook() throws Exception {
  mockMvc.perform(post("/readingList")                    ← 执行POST请求
      .contentType(MediaType.APPLICATION_FORM_URLENCODED)
      .param("title", "BOOK TITLE")
      .param("author", "BOOK AUTHOR")
      .param("isbn", "1234567890")
      .param("description", "DESCRIPTION"))
      .andExpect(status().is3xxRedirection())
      .andExpect(header().string("Location", "/readingList"));

  Book expectedBook = new Book();                ← 配置期望的图书
  expectedBook.setId(1L);
  expectedBook.setReader("craig");
  expectedBook.setTitle("BOOK TITLE");
  expectedBook.setAuthor("BOOK AUTHOR");
  expectedBook.setIsbn("1234567890");
  expectedBook.setDescription("DESCRIPTION");

  mockMvc.perform(get("/readingList"))                    ← 执行GET请求
      .andExpect(status().isOk())
      .andExpect(view().name("readingList"))
      .andExpect(model().attributeExists("books"))
      .andExpect(model().attribute("books", hasSize(1)))
      .andExpect(model().attribute("books",
             contains(samePropertyValuesAs(expectedBook))));
}
```

很明显，代码清单4-3里的测试更加复杂，实际上是两个测试放在一个方法里。第一部分提交图书并检查了请求的结果,第二部分执行了一次对主页的 GET 请求,检查新建的图书是否在模型中。

在提交图书时,我们必须确保内容类型(通过 MediaType.APPLICATION_FORM_URLENCODED)设置为 application/x-www-form-urlencoded,这才是运行应用程序时浏览器会发送的内容类型。随后,要用 MockMvcRequestBuilders 的 param 方法设置表单域,模拟要提交的表单。一旦请求执行,我们要检查响应是否是一个到 /readingList 的重定向。

假定以上测试都通过,我们进入第二部分。首先设置一个 Book 对象,包含想要的值。我们用这个对象和首页获取的模型的值进行对比。

随后要对 /readingList 发起一个 GET 请求,大部分内容和我们之前测试主页时一样,只是之前模型中有一个空集合,而现在有一个集合项。这里要检查它的内容是否和我们创建的 expectedBook 一致。如此一来,我们的控制器看来保存了发送给它的图书,完成了工作。

至此,这些测试验证了一个未经保护的应用程序,和我们在第2章里写的应用程序很类似。但如果我们想要测试一个安全加固过的应用程序(比如我们在第3章里写的程序),又该怎么办?

4.2.2 测试 Web 安全

Spring Security 能让你非常方便地测试安全加固后的 Web 应用程序。为了利用这点优势,你必须在项目里添加 Spring Security 的测试模块。要在 Gradle 里做到这一点,你需要的就是以下 testCompile 依赖:

```
testCompile("org.springframework.security:spring-security-test")
```

如果你用的是 Maven,则添加以下 `<dependency>`:

```xml
<dependency>
  <groupId>org.springframework.security</groupId>
  <artifactId>spring-security-test</artifactId>
  <scope>test</scope>
</dependency>
```

应用程序的 Classpath 里有了 Spring Security 的测试模块之后,只需在创建 MockMvc 实例时运用 Spring Security 的配置器。

```
@Before
public void setupMockMvc() {
mockMvc = MockMvcBuilders
    .webAppContextSetup(webContext)
    .apply(springSecurity())
    .build();
}
```

springSecurity() 方法返回了一个 Mock MVC 配置器,为 Mock MVC 开启了 Spring Security 支持。只需像上面这样运用就行了,Spring Security 会介入 MockMvc 上执行的每个请求。具体的安全配置取决于你如何配置 Spring Security(或者 Spring Boot 如何自动配置 Spring Security)。在阅

读列表这个应用程序里，我们在第3章里创建SecurityConfig.java时，配置也是如此。

springSecurity()方法 springSecurity()是SecurityMockMvcConfigurers的一个静态方法，考虑到可读性，我已经将其静态导入。

开启了Spring Security之后，在请求主页的时候，我们便不能只期待HTTP 200响应。如果请求未经身份验证，我们应该期待重定向到登录页面：

```
@Test
public void homePage_unauthenticatedUser() throws Exception {
    mockMvc.perform(get("/"))
        .andExpect(status().is3xxRedirection())
        .andExpect(header().string("Location",
                                "http://localhost/login"));
}
```

不过，经过身份验证的请求又该如何发起呢？Spring Security提供了两个注解。
- @WithMockUser：加载安全上下文，其中包含一个UserDetails，使用了给定的用户名、密码和授权。
- @WithUserDetails：根据给定的用户名查找UserDetails对象，加载安全上下文。

在这两种情况下，Spring Security的安全上下文都会加载一个UserDetails对象，添加了该注解的测试方法在运行过程中都会使用该对象。@WithMockUser注解是两者里比较基础的那个，允许显式声明一个UserDetails，并加载到安全上下文。

```
@Test
@WithMockUser(username="craig",
              password="password",
              roles="READER")
public void homePage_authenticatedUser() throws Exception {
    ...
}
```

如你所见，@WithMockUser绕过了对UserDetails对象的正常查询，用给定的值创建了一个UserDetails对象取而代之。在简单的测试里，这就够用了。但我们的测试需要Reader（实现了UserDetails）而非@WithMockUser创建的通用UserDetails。为此，我们需要@WithUserDetails。

@WithUserDetails注解使用事先配置好的UserDetailsService来加载UserDetails对象。回想一下第3章，我们配置了一个UserDetailsService Bean，它会根据给定的用户名查找并返回一个Reader对象。太完美了！所以我们要为测试方法添加@WithUserDetails注解，如代码清单4-4所示。

代码清单4-4 测试带有用户身份验证的安全加固方法

```
@Test
@WithUserDetails("craig")
public void homePage_authenticatedUser() throws Exception {     ← 使用craig用户
```

```
Reader expectedReader = new Reader();         ◁──┐  配置期望的
expectedReader.setUsername("craig");              │  Reader
expectedReader.setPassword("password");
expectedReader.setFullname("Craig Walls");

mockMvc.perform(get("/"))                     ◁──┐  发起GET请
    .andExpect(status().isOk())                  │  求
    .andExpect(view().name("readingList"))
    .andExpect(model().attribute("reader",
                    samePropertyValuesAs(expectedReader)))
    .andExpect(model().attribute("books", hasSize(0)))
}
```

在代码清单4-4里，我们通过`@WithUserDetails`注解声明要在测试方法执行过程中向安全上下文里加载craig用户。Reader会放入模型，该测试方法先创建了一个期望的Reader对象，后续可以用来进行比较。随后GET请求发起，也有了针对视图名和模型内容的断言，其中包括名为reader的模型属性。

同样，此处没有启动Servlet容器来运行这些测试，Spring的Mock MVC取代了实际的Servlet容器。这样做的好处是测试方法运行相对较快。因为不需要等待服务器启动，而且不需要打开Web浏览器发送表单，所以测试比较简单快捷。

不过，这并不是一个完整的测试。它比直接调用控制器方法要好，但它并没有真的在Web浏览器里执行应用程序，验证呈现出的视图。为此，我们需要启动一个真正的Web服务器，用真实浏览器来访问它。让我们来看看Spring Boot如何启动一个真实的Web服务器来帮助测试。

4.3 测试运行中的应用程序

说到测试Web应用程序，我们还没接触实质内容。在真实的服务器里启动应用程序，用真实的Web浏览器访问它，这样比使用模拟的测试引擎更能展现应用程序在用户端的行为。

但是，用真实的Web浏览器在真实的服务器上运行测试会很麻烦。虽然构建时的插件能把应用程序部署到Tomcat或者Jetty里，但它们配置起来多有不便。而且测试这么多，几乎不可能隔离运行，也很难不启动构建工具。

然而Spring Boot找到了解决方案。它支持将Tomcat或Jetty这样的嵌入式Servlet容器作为运行中的应用程序的一部分，可以运用相同的机制，在测试过程中用嵌入式Servlet容器来启动应用程序。

Spring Boot的`@WebIntegrationTest`注解就是这么做的。在测试类上添加`@WebIntegrationTest`注解，可以声明你不仅希望Spring Boot为测试创建应用程序上下文，还要启动一个嵌入式的Servlet容器。一旦应用程序运行在嵌入式容器里，你就可以发起真实的HTTP请求，断言结果了。

举例来说，考虑一下代码清单4-5里的那段简单的Web测试。这里采用`@WebIntegration-Test`，在服务器里启动了应用程序，以Spring的`RestTemplate`对应用程序发起HTTP请求。

代码清单4-5 测试运行在服务器里的Web应用程序

```
@RunWith(SpringJUnit4ClassRunner.class)
@SpringApplicationConfiguration(
      classes=ReadingListApplication.class)          ← 在服务器里运
@WebIntegrationTest                                      行测试
public class SimpleWebTest {

  @Test(expected=HttpClientErrorException.class)
  public void pageNotFound() {
    try {
      RestTemplate rest = new RestTemplate();
      rest.getForObject(
          "http://localhost:8080/bogusPage", String.class);    ← 发起GET请求
      fail("Should result in HTTP 404");
    } catch (HttpClientErrorException e) {
      assertEquals(HttpStatus.NOT_FOUND, e.getStatusCode());   ← 判断HTTP 404
      throw e;                                                    (not found)响应
    }
  }

}
```

虽然这个测试非常简单，但足以演示如何使用`@WebIntegrationTest`在服务器里启动应用程序。要判断实际启动的服务器究竟是哪个，可以遵循在命令行里运行应用程序时的逻辑。默认情况下，会有一个监听8080端口的Tomcat启动。但是，如果Classpath里有的话，Jetty或者Undertow也能启动这些服务器。

测试方法的主体部分假设应用程序已经运行，监听了8080端口。它使用了Spring的`RestTemplate`对一个不存在的页面发起请求，判断服务器的响应是否为HTTP 404（NOT FOUND）。如果返回了其他响应，则测试失败。

4.3.1 用随机端口启动服务器

前面提到过，此处的默认行为是启动服务器监听8080端口。在一台机器上一次只运行一个测试的话，这没什么问题，因为没有其他服务器监听8080端口。但如果你和我一样，本机总是有其他服务器在监听8080端口，那该怎么办？这时测试会失败，因为端口冲突，服务器启动不了。一定要有更好的办法才行。

幸运的是，让Spring Boot在随机选择的端口上启动服务器很方便。一种办法是将`server.port`属性设置为0，让Spring Boot选择一个随机的可用端口。`@WebIntegrationTest`的value属性接受一个`String`数组，数组中的每项都是键值对，形如`name=value`，用来设置测试中使用的属性。要设置`server.port`，你可以这样做：

```
@WebIntegrationTest(value={"server.port=0"})
```

另外，因为只要设置一个属性，所以还能有更简单的形式：

```
@WebIntegrationTest("server.port=0")
```

通过value属性来设置属性通常还算方便。但@WebIntegrationTest还提供了一个randomPort属性，更明确地表示让服务器在随机端口上启动。你可以将randomPort设置为true，启用随机端口：

```
@WebIntegrationTest(randomPort=true)
```

既然我们在随机端口上启动了服务器，就需要在发起Web请求时确保使用正确的端口。此时的getForObject()方法在URL里硬编码了8080端口。如果端口是随机选择的，那在构造请求时又该怎么确定正确的端口呢？

首先，我们需要以实例变量的形式注入选中的端口。为了方便，Spring Boot将local.server.port的值设置为了选中的端口。我们只需使用Spring的@Value注解将其注入即可：

```
@Value("${local.server.port}")
private int port;
```

有了端口之后，只需对getForObject()稍作修改，使用这个port就好了：

```
rest.getForObject(
    "http://localhost:{port}/bogusPage", String.class, port);
```

这里我们在URL里把硬编码的8080改为{port}占位符。在getForObject()调用里把port属性作为最后一个参数传入，就能确保该占位符被替换为注入port的值了。

4.3.2 使用Selenium测试HTML页面

RestTemplate对于简单的请求而言使用方便，是测试REST端点的理想工具。但是，就算它能对返回HTML页面的URL发起请求，也不方便对页面内容或者页面上执行的操作进行断言。结果HTML里的内容最好能够精确判断（这种测试很脆弱）。不过你无法轻易判断页面上选中的内容，或者执行诸如点击链接或提交表单这样的操作。

对于HTML应用程序测试，有一个更好的选择——Selenium（www.seleniumhq.org），它的功能远不止提交请求和获取结果。它能实际打开一个Web浏览器，在浏览器的上下文中执行测试。Selenium尽量接近手动执行测试，但与手工测试不同。Selenium的测试是自动的，而且可以重复运行。

为了用Selenium测试阅读列表应用程序，让我们先写一个测试来获取首页，为新书填写表单，提交表单，随后判断返回的页面里是否包含新添加的图书。

首先需要把Selenium作为测试依赖添加到项目里：

```
testCompile("org.seleniumhq.selenium:selenium-java:2.45.0")
```

现在就可以编写测试了。代码清单4-6是一个基本的Selenium测试模板，使用了Spring Boot的@WebIntegrationTest。

代码清单4-6 在Spring Boot里使用Selenium测试的模板

```
@RunWith(SpringJUnit4ClassRunner.class)
```

4.3 测试运行中的应用程序

```
@SpringApplicationConfiguration(         ┐ 用随机端口
        classes=ReadingListApplication.class) ├ 启动
@WebIntegrationTest(randomPort=true)     ┘
public class ServerWebTests {

  private static FirefoxDriver browser;

  @Value("${local.server.port}")    ← 注入端口号
  private int port;

  @BeforeClass
  public static void openBrowser() {
    browser = new FirefoxDriver();
    browser.manage().timeouts()            ┐ 配置Firefox
        .implicitlyWait(10, TimeUnit.SECONDS);├ 驱动
  }                                          ┘

  @AfterClass
  public static void closeBrowser() {
    browser.quit();    ← 关闭浏览器
  }

}
```

和之前更简单的Web测试一样,这个类添加了`@WebIntegrationTest`注解,将`randomPort`设置为`true`,这样应用程序启动后会运行一个监听随机端口的服务器。同样,端口号注入`port`属性,这样我们就能用它来构造指向运行中应用程序的URL了。

静态方法`openBrowser()`会创建一个`FirefoxDriver`的实例,它将打开Firefox浏览器(需要在运行测试的服务器上安装该浏览器)。我们的测试方法将通过`FirefoxDriver`实例来执行浏览器操作。在页面上查找元素时,`FirefoxDriver`配置了10秒的等候时间(以防元素加载过慢)。

测试执行完毕,我们需要关闭Firefox浏览器。因此要在`closeBrowser()`里要调用`FirefoxDriver`实例的`quit()`方法,关闭浏览器。

选择浏览器 虽然我们用Firefox进行了测试,但Selenium还提供了不少其他浏览器的驱动,包括IE、Google的Chrome,还有Apple的Safari。测试可以使用其他浏览器。你也可以使用你想支持的各种浏览器,这也许也是个不错的想法。

现在可以开始编写测试方法了,给你提个醒,我们想要加载首页,填充并发送表单,然后判断登录的页面是否包含刚刚添加的新书。代码清单4-7演示了如何用Selenium实现这个功能。

代码清单4-7 用Selenium测试阅读列表应用程序

```
@Test
public void addBookToEmptyList() {
  String baseUrl = "http://localhost:" + port;
                                      ┐ 获取主页
  browser.get(baseUrl);       ←──────┘

  assertEquals("You have no books in your book list",
```

```
                  browser.findElementByTagName("div").getText());      ◁── 判断图书列表
                                                                             是否为空
browser.findElementByName("title")
        .sendKeys("BOOK TITLE");
browser.findElementByName("author")
        .sendKeys("BOOK AUTHOR");
browser.findElementByName("isbn")
        .sendKeys("1234567890");
browser.findElementByName("description")
        .sendKeys("DESCRIPTION");
browser.findElementByTagName("form")                   填充并发送表
        .submit();                         ◁────────── 单

WebElement dl =
    browser.findElementByCssSelector("dt.bookHeadline");
assertEquals("BOOK TITLE by BOOK AUTHOR (ISBN: 1234567890)",
             dl.getText());
WebElement dt =
    browser.findElementByCssSelector("dd.bookDescription");
assertEquals("DESCRIPTION", dt.getText());            ◁── 判断列表中是
}                                                          否包含新书
```

该测试方法所做的第一件事是使用`FirefoxDriver`来发起`GET`请求，获取阅读列表的主页，随后查找页面里的一个`<div>`元素，从它的文本里判断列表里没有图书。

接下来的几行查找表单里的元素，使用驱动的`sendKeys()`方法模拟敲击键盘事件（实际上就是用给定的值填充那些表单域）。最后，找到`<form>`元素并提交。

提交的表单经处理后，浏览器就会跳到一个页面，上面的列表包含了新添加的图书。因此最后几行查找列表里的`<dt>`和`<dd>`元素，判断其中是否包含测试表单里提交的数据。

运行测试时，你会看到浏览器打开，加载阅读列表应用程序。如果够仔细，你还会看到填充表单的过程，就好像幽灵在操作，当然，并没有幽灵使用你的应用程序——这只是一个测试。

这个测试里最值得注意的是，`@WebIntegrationTest`可以为我们启动应用程序和服务器，这样Selenium才可以用Web浏览器执行测试。但真正有趣的是你可以使用IDE的测试功能来运行测试，运行几次都行，无需依赖构建过程中的某些插件启动服务器。

要是你觉得使用Selenium进行测试很实用，可以阅读Yujun Liang和Alex Collins的*Selenium WebDriver in Practice*（http://manning.com/liang/），该书更深入地讨论了Selenium测试的细节。

4.4 小结

测试是开发高质量软件的重要一环。没有好的测试，你永远无法保证应用程序能像期望的那样运行。

单元测试专注于单一组件或组件中的一个方法，此处并不一定要使用Spring。Spring提供了一些优势和技术——松耦合、依赖注入和接口驱动设计。这些都简化了单元测试的编写。但Spring不用直接涉足单元测试。

集成测试会涉及众多组件，这时就需要Spring帮忙了。实际上，如果Spring在运行时负责拼装那些组件，那么Spring在集成测试里同样应该肩负这一职责。

Spring Framework以JUnit类运行器的方式提供了集成测试支持，JUnit类运行器会加载Spring应用程序上下文，把上下文里的Bean注入测试。Spring Boot在Spring的集成测试之上又增加了配置加载器，以Spring Boot的方式加载应用程序上下文，包括了对外置属性的支持和Spring Boot日志。

Spring Boot还支持容器内测试Web应用程序，让你能用和生产环境一样的容器启动应用程序。这样一来，测试在验证应用程序行为的时候，会更加接近真实的运行环境。

此时我们已经构建了一个相当完整的应用程序（虽然有点简单），它利用Spring Boot的起步依赖和自动配置来处理低级工作，让我们专心开发应用程序。我们也看到了如何使用Spring Boot的支持来测试应用程序。在后续几章里，我们会看到一些不同的东西，了解让Spring Boot应用程序开发更加简单的Groovy。在第5章，我们会先了解Grails框架的一些特性，看看它们在Spring Boot中的用途。

第 5 章 Groovy与Spring Boot CLI

本章内容
- 自动依赖与`import`
- 获取依赖
- 测试基于CLI的应用程序

有些东西真的很适合在一起：花生酱和果酱，Abbott和Costello[①]，电闪和雷鸣，牛奶和饼干。每样东西都很棒，但搭配起来就更赞了。

到目前为止，我们已经看到了Spring Boot带来的不少好东西，包括自动配置和起步依赖。要是再搭配上Groovy的优雅，就能起到一加一大于二的效果。

在本章中，我们会了解Spring Boot CLI。这是一个命令行工具，将强大的Spring Boot和Groovy结合到一起，针对Spring应用程序形成了一套简单而又强大的开发工具。为了演示Spring Boot CLI的强大之处，我们会回到第2章的阅读列表应用程序，利用CLI的优势，以Groovy重写这个应用程序。

5.1 开发 Spring Boot CLI 应用程序

大部分针对JVM平台的项目都用Java语言开发，引入了诸如Maven或Gradle这样的构建系统，以生成可部署的产物。实际上，我们在第2章开发的阅读列表应用程序就遵循这套模型。

最近版本的Java语言有不少改进。然而，即便如此，Java还是有一些严格的规则为代码增加了不少噪声。行尾分号、类和方法的修饰符（比如`public`和`private`）、getter和setter方法，还有`import`语句在Java中都有自己的作用，但它们同代码的本质无关，因而造成了干扰。从开发者的角度来看，代码噪声是阻力——编写代码时是阻力，试图阅读代码时更是阻力。如果能消除一部分代码噪声，代码的开发和阅读可以更加方便。

同理，Maven和Gradle这样的构建系统在项目中也有自己的作用，但你还得为此开发和维护构建说明。如果能直接构建，项目也会更加简单。

---

① 两位都是美国的喜剧演员。——译者注

在使用Spring Boot CLI时，没有构建说明文件。代码本身就是构建说明，提供线索指引CLI解析依赖，并生成用于部署的产物。此外，配合Groovy，Spring Boot CLI提供了一种开发模型，消除了几乎所有代码噪声，带来了畅通无阻的开发体验。

在最简单的情况下，编写基于CLI的应用程序就和编写第1章里的Groovy脚本一样简单。不过，要用CLI编写更完整的应用程序，就需要设置一个基本的项目结构来容纳项目代码。我们马上用它重写阅读列表应用程序。

5.1.1 设置 CLI 项目

我们要做的第一件事是创建目录结构，容纳项目。与基于Maven或Gradle的项目不同，Spring Boot CLI项目并没有严格的项目结构要求。实际上，最简单的Spring Boot CLI应用程序就是一个Groovy脚本，可以放在文件系统的任意目录里。对阅读列表应用程序而言，你应该创建一个干净的新目录来存放代码，把它们和你电脑上的其他东西分开。

```
$ mkdir readinglist
```

此处我将目录命名为readinglist，但你可以随意命名。比起找个地方放置代码，名字并不重要。

我们还需要两个额外的目录存放静态Web内容和Thymeleaf模板。在readinglist目录里创建两个新的目录，名为static和templates。

```
$ cd readinglist
$ mkdir static
$ mkdir templates
```

这些目录的名字和基于Java的项目中src/main/resources里的目录同名。虽然Spring Boot并不像Maven和Gradle那样，对目录结构有严格的要求，但Spring Boot会自动配置一个Spring `Resource-HttpRequestHandler`查找static目录（还有其他位置）的静态内容。还会配置Thymeleaf来解析templates目录里的模板。

说到静态内容和Thymeleaf模板，那些文件的内容和我们在第2章里创建的一样。因此你不用担心稍后无法将它们回忆起来，直接把style.css复制到static目录，把readingList.html复制到templates目录即可。

此时，阅读列表项目的目录结构应该是这样的：

```
.
├── static
│   └── style.css
└── templates
    └── readingList.html
```

现在项目已经设置好了，我们准备好编写Groovy代码了。

5.1.2 通过 Groovy 消除代码噪声

Groovy本身是种优雅的语言。与Java不同，Groovy并不要求有`public`和`private`这样的限定符，也不要求在行尾有分号。此外，归功于Groovy的简化属性语法（GroovyBeans），JavaBean的标准访问方法没有存在的必要了。

随之而来的结果是，用Groovy编写Book领域类相当简单。如果在阅读列表项目的根目录里创建一个新的文件，名为Book.groovy，那么在这里编写如下Groovy类。

```groovy
class Book {
    Long id
    String reader
    String isbn
    String title
    String author
    String description
}
```

如你所见，Groovy类与它的Java类相比，大小完全不在一个量级。这里没有setter和getter方法，没有`public`和`private`修饰符，也没有分号。Java中常见的代码噪声不复存在，剩下的内容都在描述书的基本信息。

> **Spring Boot CLI中的JDBC与JPA**
>
> 你也许已经注意到了，`Book`的Groovy实现与第2章里的Java实现有所不同，上面没有添加JPA注解。这是因为这里要用Spring的`JdbcTemplate`，而非Spring Data JPA访问数据库。
>
> 有好几个不错的理由能解释这个例子为什么选择JDBC而非JPA。首先，在使用Spring的`JdbcTemplate`时，我可以多用几种不同的方法，展示Spring Boot的更多自动配置技巧。选择JDBC的最主要原因是，Spring Data JPA在生成仓库接口的自动实现时要求有一个.class文件。当你在命令行里运行Groovy脚本时，CLI会在内存里编译脚本，并不会产生.class文件。因此，当你在CLI里运行脚本时，Spring Data JPA并不适用。
>
> 但CLI和Spring Data JPA并非完全不兼容。如果使用CLI的`jar`命令把应用程序打包成一个JAR文件，结果文件里就会包含所有Groovy脚本编译后的.class文件。当你想部署一个用CLI开发的应用程序时，在CLI里构建并运行JAR文件是一个不错的选择。但是如果你想在开发时快速看到开发内容的效果，这种做法就没那么方便了。

既然我们定义好了`Book`领域类，就开始编写仓库接口吧。首先，编写`ReadingList-Repository`接口（位于ReadingListRepository.groovy）：

```groovy
interface ReadingListRepository {

    List<Book> findByReader(String reader)

    void save(Book book)

}
```

除了没有分号，以及接口上没有`public`修饰符，`ReadingListRepository`的Groovy版本和与之对应的Java版本并无二致。最显著的区别是它没有扩展`JpaRepository`。本章我们不用

Spring Data JPA，既然如此，我们就不得不自己实现 `ReadingListRepository`。代码清单5-1 就是 JdbcReadingListRepository.groovy 的内容。

代码清单5-1 `ReadingListRepository` 的 Groovy JDBC 实现

```groovy
@Repository
class JdbcReadingListRepository implements ReadingListRepository {

  @Autowired

  JdbcTemplate jdbc                           ←── 注入 JdbcTemplate

  List<Book> findByReader(String reader) {
    jdbc.query(
      "select id, reader, isbn, title, author, description " +
      "from Book where reader=?",
      { rs, row ->
          new Book(id: rs.getLong(1),
               reader: rs.getString(2),
               isbn: rs.getString(3),
               title: rs.getString(4),
               author: rs.getString(5),
               description: rs.getString(6))
      } as RowMapper,                         ←── RowMapper 闭包
      reader)
  }

  void save(Book book) {
    jdbc.update("insert into Book " +
           "(reader, isbn, title, author, description) " +
           "values (?, ?, ?, ?, ?)",
        book.reader,
        book.isbn,
        book.title,
        book.author,
        book.description)
  }

}
```

以上代码的大部分内容在实现一个典型的基于 `JdbcTemplate` 的仓库。它自动注入了一个 `JdbcTemplate` 对象的引用，用它查询数据库获取图书（在 `findByReader()` 方法里），将图书保存到数据库（在 `save()` 方法里）。

因为编写过程采用了Groovy，所以我们在实现中可以使用一些Groovy的语法糖。举个例子，在 `findByReader()` 里，调用 `query()` 时可以在需要 `RowMapper` 实现的地方传入一个Groovy闭包。[①] 此外，闭包中创建了一个新的 `Book` 对象，在构造时设置对象的属性。

在考虑数据库持久化时，我们还需要创建一个名为schema.sql的文件。其中包含创建Book表

[①] 为了公平对待Java，在Java 8里我们可以用Lambda（和方法引用）做类似的事情。

所需的SQL。仓库在发起查询时依赖这个数据表：

```
create table Book (
        id int identity,
        reader varchar(20) not null,
        isbn varchar(10) not null,
        title varchar(50) not null,
        author varchar(50) not null,
        description varchar(2000) not null
);
```

稍后我会解释如何使用schema.sql。现在你只需要知道，把它放在Classpath的根目录（即项目的根目录），就能创建出查询用的`Book`表了。

Groovy的所有部分差不多都齐全了，但还有一个Groovy类必须要写。这样Groovy化的阅读列表应用程序才完整。我们需要编写一个`ReadingListController`的Groovy实现来处理Web请求，为浏览器提供阅读列表。在项目的根目录，要创建一个名为ReadingListController.groovy的文件，内容如代码清单5-2所示。

代码清单5-2 处理展示和添加Web请求的`ReadingListController`

```
@Controller
@RequestMapping("/")
class ReadingListController {

  String reader = "Craig"

  @Autowired
  ReadingListRepository readingListRepository       ← 注入 ReadingListRepository

  @RequestMapping(method=RequestMethod.GET)
  def readersBooks(Model model) {
    List<Book> readingList =
        readingListRepository.findByReader(reader)   ← 获取阅读列表

    if (readingList) {
      model.addAttribute("books", readingList)       ← 设置模型
    }

    "readingList"                                    ← 返回视图名称
  }

  @RequestMapping(method=RequestMethod.POST)
  def addToReadingList(Book book) {
    book.setReader(reader)
    readingListRepository.save(book)                 ← 保存图书
    "redirect:/"
  }                                                  ← POST后重定向

}
```

这个`ReadingListController`和第2章里的版本有很多相似之处。主要的不同在于，Groovy

的语法消除了类和方法的修饰符、分号、访问方法和其他不必要的代码噪声。

你还会注意到，两个处理器方法都用`def`而非`String`来定义。两者都没有显式的`return`语句。如果你喜欢在方法上说明类型，喜欢显式的`retrun`语句，加上就好了——Groovy并不在意这些细节。

在运行应用程序之前，还要做一件事。那就是创建一个新文件，名为Grabs.groovy，内容包括如下三行：

```
@Grab("h2")
@Grab("spring-boot-starter-thymeleaf")
class Grabs {}
```

稍后我们再来讨论这个类的作用，现在你只需要知道类上的`@Grab`注解会告诉Groovy在启动应用程序时自动获取一些依赖的库。

不管你信还是不信，我们已经可以运行这个应用程序了。我们创建了一个项目目录，向其中复制了一个样式表和Thymeleaf模板，填充了一些Groovy代码。接下来，用Spring Boot CLI（在项目目录里）运行即可：

```
$ spring run .
```

几秒后，应用程序完全启动。打开浏览器，访问http://localhost:8080。如果一切正常，你应该就能看到和第2章一样的阅读列表应用程序。

成功啦！只用了几页纸的篇幅，你就写出了简单而又完整的Spring应用程序！

此时此刻你也许会好奇这是怎么办到的。

- 没有*Spring*配置，Bean是如何创建并组装的？`JdbcTemplate` Bean又是从哪来的？
- 没有构建文件，Spring MVC和Thymeleaf这样的依赖库是哪来的？
- 没有`import`语句。如果不通过`import`语句来指定具体的包，Groovy如何解析`JdbcTemplate`和`RequestMapping`的类型？
- 没有部署应用，Web服务器从何而来？

实际上，我们编写的代码看起来不止缺少分号。这些代码究竟是怎么运行起来的？

5.1.3　发生了什么

你可能已经猜到了，Spring Boot CLI在这里不仅仅是便捷地使用Groovy编写了Spring应用程序。Spring Boot CLI施展了很多技能。

- CLI可以利用Spring Boot的自动配置和起步依赖。
- CLI可以检测到正在使用的特定类，自动解析合适的依赖库来支持那些类。
- CLI知道多数常用类都在哪些包里，如果用到了这些类，它会把那些包加入Groovy的默认包里。
- 应用自动依赖解析和自动配置后，CLI可以检测到当前运行的是一个Web应用程序，并自动引入嵌入式Web容器（默认是Tomcat）供应用程序使用。

仔细想想，这些才是CLI提供的最重要的特性。Groovy语法只是额外的福利！

通过Spring Boot CLI运行阅读列表应用程序，表面看似平凡无奇，实则大有乾坤。CLI尝试用内嵌的Groovy编译器来编译Groovy代码。虽然你不知道，但实际上，未知类型（比如`JdbcTemplate`、`Controller`及`RequestMapping`，等等）最终会使代码编译失败。

但CLI不会放弃，它知道只要把Spring Boot JDBC起步依赖加入Classpath就能找到`JdbcTemplate`。它还知道把Spring Boot的Web起步依赖加入Classpath就能找到Spring MVC的相关类。因此，CLI会从Maven仓库（默认为Maven中心仓库）里获取那些依赖。

如果此时CLI重新编译，那还是会失败，因为缺少`import`语句。但CLI知道很多常用类的包。利用定制Groovy编译器默认包导入的功能之后，CLI把所有需要用到的包都加入了Groovy编译器的默认导入列表。

现在CLI可以尝试再一次编译了。假设没有其他CLI能力范围外的问题（比如，存在CLI不知道的语法或类型错误），代码就能完成编译。CLI将通过内置的启动方法（与基于Java的例子里的`main()`方法类似）运行应用程序。

此时，Spring Boot自动配置就能发挥作用了。它发现Classpath里存在Spring MVC（因为CLI解析了Web起步依赖），就自动配置了合适的Bean来支持Spring MVC，还有嵌入式Tomcat Bean供应用程序使用。它还发现Classpath里有`JdbcTemplate`，所以自动创建了`JdbcTemplate` Bean，注入了同样自动创建的`DataSource` Bean。

说起`DataSource` Bean，这只是Spring Boot自动配置创建的众多Bean中的一个。Spring Boot还自动配置了很多Bean来支持Spring MVC中的Thymeleaf模板。正是由于我们使用@Grab注解向Classpath里添加了H2和Thymeleaf，这才触发了针对嵌入式H2数据库和Thymeleaf的自动配置。

@Grab注解的作用是方便添加CLI无法自动解析的依赖。虽然它看上去很简单，但实际上这个小小的注解作用远比你想象得要大。让我们仔细看看这个注解，看看Spring Boot CLI是如何通过一个Artifact名称找到这么多常用依赖，看看整个依赖解析的过程是如何配置的。

5.2 获取依赖

在Spring MVC和`JdbcTemplate`的例子中，为了获取必要的依赖并添加到Classpath里，Groovy编译触发了Spring Boot CLI。这是错误的。但如果需要一个依赖，而没有失败代码来触发自动依赖解析，又或者所需的依赖CLI不知道，那该怎么办？

在阅读列表应用程序中，我们需要Thymeleaf库，这样才能编写使用了Thymeleaf模板的视图。我们还需要H2的库，这样才能拥有嵌入式H2数据库。但因为没有Groovy代码会直接引用Thymeleaf或H2的类，所以不会有编译错误来触发自动依赖解析。因此，我们要帮一帮CLI，在`Grabs`类上添加@Grab依赖。

> **该把@Grab注解放在哪里？** 并不需要像我们这样，严格将@Grab注解放在一个单独的类上。它们在`ReadingListController`或`JdbcReadingListRepository`同样有效。不过，为了便于组织管理，最好创建一个空类，把所有@Grab注解放在一起。这

样方便在一个地方看到所有显式声明的依赖。

`@Grab`注解源自 Groovy Grape（Groovy Adaptable Packaging Engine 或 Groovy Advanced Packaging Engine）工具。从本质上来说，Grape允许Groovy脚本在运行时下载依赖，无需Maven或Gradle这样的构建工具介入。除了支持`@Grab`注解，Spring Boot CLI还用Grape来获取代码中推断出的依赖。

使用`@Grab`就和描述依赖一样简单。举例来说，假设你想往项目里添加H2数据库，可以往项目的一个Groovy脚本添加如下`@Grab`注解：

```
@Grab(group="com.h2database", module="h2", version="1.4.190")
```

这样能明确地声明依赖的组、模块和版本号。或者，你也可以用更简洁的冒号分割表示依赖，这和Gradle构建说明里的表示方式类似。

```
@Grab("com.h2database:h2:1.4.185")
```

这是两个教科书式的例子，但Spring Boot CLI对`@Grab`做了几处扩展，用起来更简单。

很多依赖不再要求指定版本号了。可以通过下面的方式，用`@Grab`添加H2数据库依赖：

```
@Grab("com.h2database:h2")
```

确切的版本号是由你所使用的CLI的版本来决定的。如果用的是Spring Boot CLI 1.3.0.RELEASE，那么H2依赖的版本会解析为1.4.190。

这还不算完，很多常用依赖还可以省去Group ID，直接在`@Grab`里写上模块的ID。正是这个特性让上文的`@Grab`注解成功加载了H2。

```
@Grab("h2")
```

那你该如何获知某个依赖是需要Group ID和版本号，还是只需要Module ID呢？我在附录D中提供了一个完整的列表，包含了Spring Boot CLI知道的全部依赖。通常，你可以先试一下只写Module ID，如果这样不行，再加上Group ID和版本号。

只用Module ID来表示依赖会很方便，但如果你并不认可Spring Boot选择的版本号怎么办？如果Spring Boot的起步依赖传递引入了一个库的某个版本，但你想要使用修正了bug的新版本又该如何呢？

5.2.1 覆盖默认依赖版本

Spring Boot引入了新的`@GrabMetadata`注解，可以和`@Grab`搭配使用，用属性文件里的内容来覆盖默认的依赖版本。

要用`@GrabMetadata`，可以把它加到某个Groovy脚本文件里，提供相应的属性文件来覆盖依赖元数据：

```
@GrabMetadata("com.myorg:custom-versions:1.0.0")
```

这会从Maven仓库的com/myorg目录里加载一个名为custom-versions.properties的文件。文件

里的每一行都应该有Group ID和Module ID。以这两个东西为键名，属性则是值。例如，要把H2的默认版本覆盖为1.4.186，可以把@GrabMetadata指向一个包含如下内容的属性文件：

```
com.h2database:h2=1.4.186
```

> **使用Spring IO平台**
>
> 你可能希望让@GrabMetadata使用Spring IO平台（http://platform.spring.io/platform/）上定义的依赖版本。该平台提供了一套依赖和版本。明确哪个版本的Spring能和其他库的什么版本搭配使用。Spring IO平台提供的依赖和版本是Spring Boot已知依赖库的一个超集，包含了很多Spring应用程序经常用到的第三方库。
>
> 如果你想在Spring IO平台上构建Spring Boot CLI应用程序，只需要在Groovy脚本中添加如下@GrabMetadata即可。
>
> ```
> @GrabMetadata('io.spring.platform:platform-versions:1.0.4.RELEASE')
> ```
>
> 这会覆盖CLI的默认依赖版本，使Spring IO平台定义的版本取而代之。

你可能会有疑问，Grape又是从哪里获取所有这些依赖的呢？这是可配置的吗？让我们来看看你该如何管理Grape获取依赖的仓库集。

5.2.2 添加依赖仓库

默认情况下，@Grab声明的依赖是从Maven中心仓库（http://repo1.maven.org/maven2/）拉取的。此外，Spring Boot还注册了Spring的里程碑及快照仓库，以便获取Spring项目的预发布版本依赖。对很多项目而言，这就足够了。但要是你的项目需要的库不在这两者之中该怎么办呢？或者你的工作环境在公司防火墙内，必须使用内部仓库又该如何？

没有问题。@GrabResolver注解可以让你指定额外的仓库，用来获取依赖。

举个例子，假设你想使用最新的Hibernate，而最新的Hibernate版本只能从JBoss的仓库里获取到。那么你需要通过@GrabResolver来添加仓库：

```
@GrabResolver(name='jboss', root=
    'https://repository.jboss.org/nexus/content/groups/public-jboss')
```

这里通过name属性将该解析器命名为jboss，通过root属性来指定仓库的URL。

你已经了解了Spring Boot CLI是如何编译代码以及自动按需解析已知依赖库的。在@Grab的支持下，CLI可以解析各种它无法自动解析的依赖。基于CLI的应用程序无需Maven或Gradle构建说明文件（传统方式开发的Java应用程序需要这个文件）。但解析依赖和编译代码并不是构建过程的全部，项目的构建通常还要执行自动化测试，要是没有构建说明文件，又该如何运行测试呢？

5.3 用 CLI 运行测试

测试是软件项目的重要组成部分，Spring Boot CLI当然没有忽略测试。因为基于CLI的应用程序并未涉及传统的构建系统，所以CLI提供了一个`test`命令来运行测试。

在试验`test`命令前，你先要写一个测试。测试可以放在项目中的任何位置。我建议将其与主要组件分开放置，最好放在一个子目录里。这个子目录的名字随意。我在这里将其命名为tests：

```
$ mkdir tests
```

在tests目录里，创建一个名为ReadingListControllerTest.groovy的新Groovy脚本，编写针对`ReadingListController`的测试。代码清单5-3是个简单的测试，测试控制器能否正确处理HTTP `GET`请求。

代码清单5-3 `ReadingListController`的Groovy测试

```groovy
import org.springframework.test.web.servlet.MockMvc
import static
    org.springframework.test.web.servlet.setup.MockMvcBuilders.*
import static org.springframework.test.web.servlet.request.
                                        MockMvcRequestBuilders.*
import static org.springframework.test.web.servlet.result.
                                        MockMvcResultMatchers.*
import static org.mockito.Mockito.*

class ReadingListControllerTest {

  @Test
  void shouldReturnReadingListFromRepository() {
    List<Book> expectedList = new ArrayList<Book>()
    expectedList.add(new Book(
        id: 1,
        reader: "Craig",
        isbn: "9781617292545",
        title: "Spring Boot in Action",
        author: "Craig Walls",
        description: "Spring Boot in Action is ..."
    ))

    def mockRepo = mock(ReadingListRepository.class)     ◁── 模拟 ReadingListRepository
    when(mockRepo.findByReader("Craig")).thenReturn(expectedList)

    def controller =
        new ReadingListController(readingListRepository: mockRepo)

    MockMvc mvc = standaloneSetup(controller).build()
    mvc.perform(get("/"))                                ◁── 执行并测试GET请求
        .andExpect(view().name("readingList"))
        .andExpect(model().attribute("books", expectedList))
  }

}
```

如你所见，这就是个简单的JUnit测试，使用了Spring的模拟MVC测试支持功能，对控制器发起GET请求。最先设置的是`ReadingListRepository`的一个模拟实现，它会返回一个包含单一`Book`项的列表。随后，测试创建了一个`ReadingListController`实例，将模拟仓库注入`readingListRepository`属性。最后，配置了一个`MockMvc`对象，发起GET请求，对期望的视图名称和模型内容进行断言。

但是，此处运行测试要比说明测试更重要。使用CLI的`test`命令，可以像下面这样在命令行里执行测试：

```
$ spring test tests/ReadingListControllerTest.groovy
```

本例中，我明确选中了`ReadingListControllerTest`作为要运行的测试。如果tests/目录里有多个测试，你想要全部运行，可以在`test`命令中指定目录名：

```
$ spring test tests
```

如果你倾向于编写Spock说明而非JUnit测试，那么你一定会很高兴，因为CLI的`test`命令也可以运行Spock说明，代码清单5-4的`ReadingListControllerSpec`就演示了这一功能。

代码清单5-4 测试`ReadingListController`的Spock说明

```groovy
import org.springframework.test.web.servlet.MockMvc
import static
    org.springframework.test.web.servlet.setup.MockMvcBuilders.*
import static org.springframework.test.web.servlet.request.
                                          MockMvcRequestBuilders.*
import static org.springframework.test.web.servlet.result.
                                          MockMvcResultMatchers.*
import static org.mockito.Mockito.*

class ReadingListControllerSpec extends Specification {

  MockMvc mockMvc
  List<Book> expectedList

  def setup() {
    expectedList = new ArrayList<Book>()
    expectedList.add(new Book(
      id: 1,
      reader: "Craig",
      isbn: "9781617292545",
      title: "Spring Boot in Action",
      author: "Craig Walls",
      description: "Spring Boot in Action is ..."
    ))

    def mockRepo = mock(ReadingListRepository.class)     ◁── 模拟的 ReadingListRepository
    when(mockRepo.findByReader("Craig")).thenReturn(expectedList)

    def controller =
        new ReadingListController(readingListRepository: mockRepo)
    mockMvc = standaloneSetup(controller).build()
```

```
    }
    def "Should put list returned from repository into model"() {
      when:
        def response = mockMvc.perform(get("/"))         ← 执行GET请求
      then:
        response.andExpect(view().name("readingList"))
                .andExpect(model().attribute("books", expectedList))   ← 测试结果
    }
}
```

`ReadingListControllerSpec`只是简单地把`ReadingListControllerTest`从JUnit测试翻译成了Spock说明。如你所见,它只是直白地表述了这么一个过程。对"/"出现GET请求时,响应中应该包含名为readingList的视图。模型里的`books`键所对应的就是期待的图书列表。

Spock说明也可以通过`spring test tests`来运行`ReadingListControllerSpec`。运行方式和基于JUnit的测试如出一辙。

一旦写好代码,通过了全部测试,你就该部署项目了。让我们来看看Spring Boot CLI是如何帮助产生一个可部署的产物的。

5.4 创建可部署的产物

在基于Maven和Gradle的传统Java项目中,构建系统负责产生部署单元———一般是JAR文件或WAR文件。然而,有了Spring Boot CLI,我们可以简单地通过`spring`命令在命令行里运行应用程序。

这是否就意味着要部署一个Spring Boot CLI应用程序,必须在服务器上安装CLI,并手工在命令行里启动应用程序呢?在部署生产环境时,这看起来相当不方便(不用说,这还很危险)。

在第8章里我们会讨论更多部署Spring Boot应用程序的方法。此刻,让我告诉你另一个CLI窍门。针对基于CLI的阅读列表应用程序,在命令行执行如下命令:

```
$ spring jar ReadingList.jar .
```

这会将整个项目打包成一个可执行的JAR文件,包含所有依赖、Groovy和一个嵌入式Tomcat。打包完成后,就可以像下面这样在命令行里运行了(无需CLI):

```
$ java -jar ReadingList.jar
```

除了可以在命令行里运行外,可执行的JAR文件也能部署到多个平台服务器(Platform as a Service,PaaS)云平台里,包括Pivotal Cloud Foundry和Heroku,在第8章里你会看到相关内容。

5.5 小结

Spring Boot CLI利用了Spring Boot自动配置和起步依赖的便利之处,并将其发扬光大。借由

Groovy语言的优雅，CLI能让我们在最少的代码噪声下开发Spring应用程序。

本章中我们彻底重写了第2章里的阅读列表应用程序，只是这次我们用Groovy把它写成了Spring Boot CLI应用程序。通过自动添加很多常用包和类的`import`语句，CLI让Groovy更优雅。它还可以自动解析很多依赖库。

对于CLI无法自动解析的库，基于CLI的应用程序可以利用Grape的`@Grab`注解，不用构建说明也能显式地声明依赖。Spring Boot的CLI扩展了`@Grab`注解，针对很多常用库依赖，只需声明Module ID就可以了。

最后，你还了解了如何用Spring Boot CLI来执行测试和构建可部署产物，这些通常都是由构建系统来负责的。

Spring Boot和Groovy结合得很好，两者的简洁性相辅相成。在第6章，我们还会看到Spring Boot和Groovy是如何协同的——Spring Boot是Grails最新版本的核心。

第 6 章 在Spring Boot中使用Grails

本章内容
- 使用GORM持久化数据
- 定义GSP视图
- Grails 3和Spring Boot入门

我小时候，有一个系列电视广告，当中有两个人，一个在吃巧克力条，另一个在吃罐子里的花生酱。经由一些富有喜剧效果的小事故，两个人撞到了一起。最后，花生酱和巧克力相结合。

一个人说："你把巧克力弄到我的花生酱里了！"另一个人回答："是你把花生酱弄到我的巧克力上了！"

在一开始的尴尬后，两个人都认同花生酱和巧克力结合在一起是件好事。接着，旁白会建议观众试试Reese牌的的花生酱杯（Peanut Butter Cup）。

在Spring Boot刚发布时，经常有人问我在Spring Boot和Grails之间该如何选择。两者都构建于Spring Framework之上，都旨在简化应用程序的开发。实际上，它们就像花生酱和巧克力。两个都很好，具体如何选择取决于个人爱好。

就像之前巧克力和花生酱的争论一样，事实上并不必从中选出一个来。Spring Boot和Grails两个都很好，完全可以结合到一起。

在本章中，我们会看到Grails和Spring Boot之间的联系。我们会先看到Spring Boot中Grails对象关系映射（Grails Object Relational Mapping，GORM）和Groovy服务器页面（Groovy Server Page，GSP）这样的Grails特性，还会看到Grails 3是如何基于Spring Boot重写的。

6.1 使用 GORM 进行数据持久化

Grails里最让人着迷的恐怕就是GORM了。GORM将数据库相关工作简化到和声明要持久化的实体一样容易。例如，代码清单6-1演示了阅读列表里的Book该如何用Groovy写成GORM实体。

代码清单6-1 GORM Book实体

```
package readinglist

import grails.persistence.*
```

```
@Entity                          ← 这是一个GORM实体
class Book {

  Reader reader
  String isbn
  String title
  String author
  String description

}
```

就和Book的Java版本一样，这个类里有很多描述图书的属性。但又与Java版本不一样，这里没有分号、`public`或`private`修饰符、setter和getter方法或其他Java中常见的代码噪声。是Grails的`@Entity`注解让这个类变成了GORM实例。这个简单的实体可干了不少事，包括将对象映射到数据库，为Book添加持久化方法，通过这些方法可以存取图书。

要在Spring Boot项目里使用GORM，必须在项目里添加GORM依赖。在Maven中，`<dependency>`看起来是这样的：

```xml
<dependency>
  <groupId>org.grails</groupId>
  <artifactId>gorm-hibernate4-spring-boot</artifactId>
  <version>1.1.0.RELEASE</version>
</dependency>
```

一样的依赖，在Gradle里是这样的：

```
compile("org.grails:gorm-hibernate4-spring-boot:1.1.0.RELEASE")
```

这个库自带了一些Spring Boot自动配置，会自动配置所有支持GORM所需的Bean。你只管写代码就好了。

> **GORM在Spring Boot里的另一个选择**
>
> 正如其名，`gorm-hibernate4-spring-boot`是通过Hibernate开启GORM数据持久化的。对很多项目而言，这很好。但如果你想用MongoDB，那你会对Spring Boot里的MongoDB GORM支持很感兴趣。
>
> 它的Maven依赖是这样的：
>
> ```xml
> <dependency>
>   <groupId>org.grails</groupId>
>   <artifactId>gorm-mongodb-spring-boot</artifactId>
>   <version>1.1.0.RELEASE</version>
> </dependency>
> ```
>
> 下面是相同的Gradle依赖：
>
> ```
> compile("org.grails:gorm-mongodb-spring-boot:1.1.0.RELEASE")
> ```

GORM的工作原理要求实体类必须用Groovy来编写。我们已经在代码清单6-1里写了一个Book实体，下面再写一个Reader实体，如代码清单6-2所示。

代码清单6-2　GORM Reader实体

```
package readinglist

import grails.persistence.*

import org.springframework.security.core.GrantedAuthority
import
    org.springframework.security.core.authority.SimpleGrantedAuthority
import org.springframework.security.core.userdetails.UserDetails

@Entity
class Reader implements UserDetails {          ⇐ 这是一个实体

  String username
  String fullname
  String password

  Collection<? extends GrantedAuthority> getAuthorities() {

    Arrays.asList(new SimpleGrantedAuthority("READER"))
  }

  boolean isAccountNonExpired() {              ⇐ 实现了
    true                                         UserDetails
  }

  boolean isAccountNonLocked() {
    true
  }

  boolean isCredentialsNonExpired() {
    true
  }

  boolean isEnabled() {
    true
  }

}
```

现在，我们的阅读列表应用程序里有了两个GORM实体，我们需要重写剩下的应用程序来使用这两个实体。因为使用Groovy是如此令人愉悦（和Grails十分相似），所以其他类我们也会用Groovy来编写。

首先是`ReadingListController`，如代码清单6-3所示。

代码清单6-3　Groovy的`ReadingListController`

```
package readinglist

import org.springframework.beans.factory.annotation.Autowired
import
    org.springframework.boot.context.properties.ConfigurationProperties
```

```
import org.springframework.http.HttpStatus
import org.springframework.stereotype.Controller
import org.springframework.ui.Model
import org.springframework.web.bind.annotation.ExceptionHandler
import org.springframework.web.bind.annotation.RequestMapping
import org.springframework.web.bind.annotation.RequestMethod
import org.springframework.web.bind.annotation.ResponseStatus

@Controller
@RequestMapping("/")
@ConfigurationProperties("amazon")
class ReadingListController {

  @Autowired
  AmazonProperties amazonProperties

  @ExceptionHandler(value=RuntimeException.class)
  @ResponseStatus(value=HttpStatus.BANDWIDTH_LIMIT_EXCEEDED)
  def error() {
    "error"
  }

  @RequestMapping(method=RequestMethod.GET)
  def readersBooks(Reader reader, Model model) {       ◁── 查找读者的全
    List<Book> readingList = Book.findAllByReader(reader)     部图书
    model.addAttribute("reader", reader)
    if (readingList) {
      model.addAttribute("books", readingList)
      model.addAttribute("amazonID", amazonProperties.getAssociateId())
    }
    "readingList"
  }

  @RequestMapping(method=RequestMethod.POST)
  def addToReadingList(Reader reader, Book book) {
    Book.withTransaction {
      book.setReader(reader)
      book.save()                  ◁── 保存一本书
    }
    "redirect:/"
  }

}
```

这个版本的`ReadingListController`和第3章里的相比，最明显的不同之处在于，它是用Groovy写的，没有Java的那些代码噪声。最重要的不同之处在于，无需再注入`ReadingList-Repository`，它直接通过`Book`类型持久化。

在`readersBooks()`方法里，它调用了`Book`的`findAllByReader()`静态方法，传入了指定的读者信息。虽然代码清单6-1没有提供`findAllByReader()`方法，但这段代码仍然可以执行，因为GORM会为我们实现这个方法。

与之类似，`addToReadingList()`方法使用了静态方法`withTransaction()`和实例方法`save()`。这两个方法也是GORM提供的，用于将`Book`保存到数据库里。

我们所要做的就是声明一些属性，在`Book`上添加`@Entity`注解。如果你问我怎么看——我觉得这笔买卖很划算。

`SecurityConfig`也要做类似的修改，通过GORM而非`ReadingListRepository`来获取`Reader`。代码清单6-4就是新的`SecurityConfig`。

代码清单6-4　Groovy版本的`SecurityConfig`

```
package readinglist

import org.springframework.context.annotation.Configuration
import org.springframework.security.config.annotation.authentication.
                                 builders.AuthenticationManagerBuilder
import org.springframework.security.config.annotation.web.
                                                builders.HttpSecurity
import org.springframework.security.config.annotation.web.
                                 configuration.WebSecurityConfigurerAdapter
import org.springframework.security.core.userdetails.UserDetailsService

@Configuration
class SecurityConfig extends WebSecurityConfigurerAdapter {

  void configure(HttpSecurity http) throws Exception {
    http
      .authorizeRequests()
        .antMatchers("/").access("hasRole('READER')")
        .antMatchers("/**").permitAll()
      .and()
      .formLogin()
        .loginPage("/login")
        .failureUrl("/login?error=true")
  }

  void configure(AuthenticationManagerBuilder auth) throws Exception {
    auth
      .userDetailsService(
        { username -> Reader.findByUsername(username) }    ◁── 根据用户名查找读者
        as UserDetailsService)
  }

}
```

除了用Groovy重写，`SecurityConfig`里最明显的变化无疑就是第二个`configure()`方法。如你所见，它使用了一个闭包（`UserDetailsService`的实现类），其中调用静态方法`findByUsername()`来查找`Reader`，这个功能是GORM提供的。

你也许会好奇——在这个GORM版本的应用程序里，`ReadingListRepository`变成什么了？GORM替我们处理了所有的持久化工作，这里已经不再需要`ReadingListRepository`了，它的实现也不需要了。我想你会同意代码越少越好这个观点。

应用程序中剩余的代码也应该用Groovy重写，这样才能和我们的变更相匹配。但它们和GORM没什么关系，也不在本章的讨论范围内。如果想要完整的代码，可以到示范代码页面里去下载。

此刻，你可以通过各种运行Spring Boot应用程序的方法来启动阅读列表应用程序。启动后，应用程序应该能像从前一样工作。只有你我知道持久化机制已经被改变了。

除了GORM，Grails应用程序通常还会用Groovy Server Pages将模型数据以HTML的方式呈现给浏览器。6.2节应用程序的Grails化还会继续。我们会把Thymeleaf替换为等价的GSP。

6.2 使用 Groovy Server Pages 定义视图

到目前为止，我们都在用Thymeleaf模板定义阅读列表应用程序的视图。除了Thymeleaf，Spring Boot还支持Freemarker、Velocity和基于Groovy的模板。无论选择哪种模板，你要做的就是添加合适的起步依赖，在Classpath根部的templates/目录里编写模板。自动配置会处理剩下的事情。

Grails项目也提供GSP的自动配置。如果你想在Spring Boot应用程序里使用GSP，必须向项目里添加Spring Boot的GSP库：

```
compile("org.grails:grails-gsp-spring-boot:1.0.0")
```

和Spring Boot提供的其他视图模板一样，库放在Classpath里就会触发自动配置，设置所需的视图解析器，以便在Spring MVC的视图层里使用GSP。

剩下的就是为应用程序编写GSP模板了。在阅读列表应用程序中，我们要把Thymeleaf的readingList.html文件用GSP的形式重写，放在readingList.gsp文件（位于src/main/resources/templates）里。代码清单6-5就是新的GSP模板的代码。

代码清单6-5　GSP编写的阅读列表应用程序主视图

```
<!DOCTYPE html>
<html>
  <head>
    <title>Reading List</title>
    <link rel="stylesheet" href="/style.css"></link>
  </head>

  <body>
    <h2>Your Reading List</h2>

    <g:if test="${books}">
    <g:each in="${books}" var="book">         ← 罗列图书
      <dl>
        <dt class="bookHeadline">
          ${book.title} by ${book.author}
          (ISBN: ${book.isbn}")
        </dt>
        <dd class="bookDescription">
          <g:if test="book.description">
            ${book.description}
```

```
            </g:if>
            <g:else>
              No description available
            </g:else>
          </dd>
        </dl>
      </g:each>
    </g:if>
    <g:else>
      <p>You have no books in your book list</p>
    </g:else>

    <hr/>

    <h3>Add a book</h3>
    <form method="POST">                                ← 图书表单
      <label for="title">Title:</label>
      <input type="text" name="title"
                         value="${book?.title}"/><br/>
      <label for="author">Author:</label>
      <input type="text" name="author"
                         value="${book?.author}"/><br/>
      <label for="isbn">ISBN:</label>
      <input type="text" name="isbn"
                         value="${book?.isbn}"/><br/>
      <label for="description">Description:</label><br/>
      <textarea name="description" rows="5" cols="80">
        ${book?.description}
      </textarea>
      <input type="hidden" name="${_csrf.parameterName}"   ← CSRF令牌
             value="${_csrf.token}" />
      <input type="submit" value="Add Book" />
    </form>

  </body>
</html>
```

如你所见，GSP模板中使用了表达式语言引用（用${}包围的部分）以及GSP标签库（例如<g:if>和<g:each>）。这并不是Thymeleaf那样的纯HTML。但如果习惯用JSP，你会很熟悉这种方式，而且会觉得这是一个不错的选择。

代码里的绝大部分内容和第2章、第3章的Thymeleaf模板类似，映射GSP模板上的元素。但是有一点要注意，你必须要放一个隐藏域，其中包含CSRF（Cross-Site Request Forgery）令牌。Spring Security在提交POST请求时要求带有这个令牌，Thymeleaf在呈现HTML时会自动包含这个令牌，但在GSP里你必须在隐藏域显式地包含它。

图6-1是GSP模板的显示效果，其中添加了一些图书。

虽然GORM和GSP这样的Grails特性很吸引人，让Spring Boot应用程序更简单，但你在这里还不能真正体验Grails。让我们再往Spring Boot的花生酱里放一点Grails巧克力。现在让我们来看看Grails 3如何将两者合二为一，带来完整的Spring Boot和Grails开发体验。

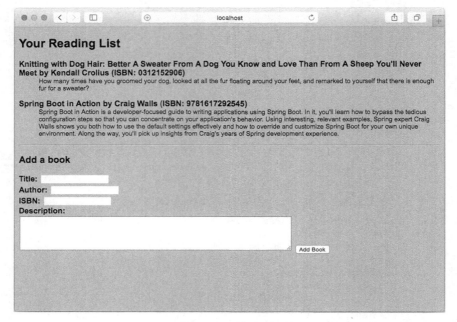

图6-1　使用了GSP模板的阅读列表

6.3　结合 Spring Boot 与 Grails 3

Grails一直都是构建于Spring、Groovy、Hibernate和其他巨人肩膀之上的高阶框架。到了Grails 3，Grails已经基于Spring Boot，带来了令人愉悦的开发体验。Grails开发者和Spring Boot开发者都能驾轻就熟。

要使用Grails 3，首先要进行安装。在Mac OS X和大部分Unix系统上，最简单的安装方法是在命令行里使用SDKMAN：

```
$ sdk install grails
```

如果你用的是Windows，或者无法使用SDKMAN，就需要下载二进制发布包。解压后要将bin目录添加到系统路径里去。

无论用哪种安装方式，你都可以在命令行中查看Grails的版本，验证安装是否成功：

```
$ grails -version
```

如果安装成功，现在就可以创建Grails项目了。

6.3.1　创建新的 Grails 项目

在Grails项目中，你会使用`grails`命令行工具执行很多任务，包括创建项目。要创建阅读列表项目，可以这样使用 `grails` 命令：

```
$ grails create-app readinglist
```

正如这个命令的名字所示，`create-app` 创建了新的应用程序项目。这个例子里的项目名为 readinglist。

等 `grails` 工具创建完应用程序，`cd` 到了 `readinglist` 目录里，看看所创建的内容吧。图6-2 应该就是你看到的项目结构的概览。

在这个项目目录结构里，你应该认出了一些熟悉的东西。这里有一个 Gradle 的构建说明文件和配置（build.gradle 和 gradle.properties）。src 目录里还有一个标准的 Gradle 项目结构，但是 grails-app 应该是里面最有趣的目录。如果用过老版本的 Grails，你就会知道这个目录的作用。这里面放的是你写的控制器、领域类和其他构成 Grails 项目的代码。

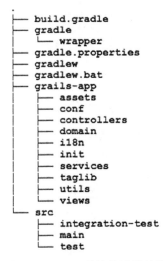

图6-2　Grails 3项目的目录结构

如果再深挖一下，打开 build.gradle 文件，会发现一些更熟悉的东西。首先，构建说明文件里使用了 Spring Boot 的 Gradle 插件：

```
apply plugin: "spring-boot"
```

这意味着你能像使用其他 Spring Boot 应用程序那样构建并运行这个 Grails 应用程序。

你还应该注意到，依赖里有不少有用的 Spring Boot 库：

```
dependencies {
  compile 'org.springframework.boot:spring-boot-starter-logging'
  compile("org.springframework.boot:spring-boot-starter-actuator")
  compile "org.springframework.boot:spring-boot-autoconfigure"
  compile "org.springframework.boot:spring-boot-starter-tomcat"
  ...
}
```

这些库为Grails应用程序提供了Spring Boot的自动配置、日志，还有Actuator及嵌入式Tomcat。把应用当作可执行JAR运行时，这个Tomcat可以提供服务。

实际上，这是一个Spring Boot项目，同时也是Grails项目，因为Grails 3就是构建在Spring Boot的基础上的。

运行应用程序

运行Grails应用程序最直接的方式是在命令行里使用`grails`工具的`run-app`命令：

```
$ grails run-app
```

就算一行代码都还没写，我们也能运行应用程序，在浏览器里进行访问。一旦应用程序启动，就可以在浏览器里访问http://localhost:8080。你应该能看到类似图6-3的页面。

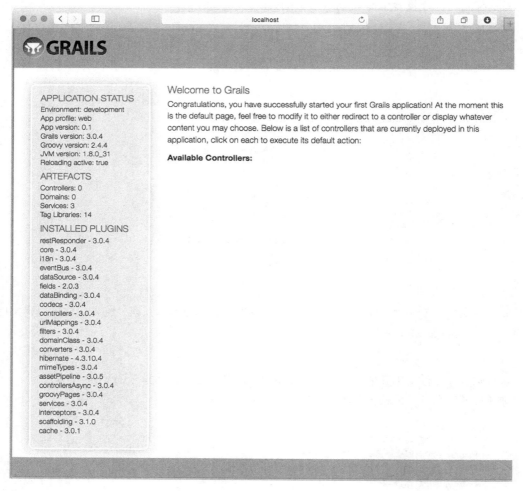

图6-3　全新的Grails应用程序

在Grails里运行应用程序要使用run-app命令，这种方式已经用了很多年，上个版本的Grails也是这样。Grails 3项目的Gradle说明里使用了Spring Boot的Gradle插件，你还可以用各种运行Spring Boot项目的方式来运行这个应用程序。此处通过Gradle引入了bootRun任务：

```
$ gradle bootRun
```

你还可以构建项目，运行生成的可执行JAR文件：

```
$ gradle build
...
$ java -jar build/lib/readingList-0.1.jar
```

当然，构建产生的WAR文件可以部署到你喜欢的各种Servlet 3.0容器里。

在开发早期就能运行应用程序，这一点十分方便，能帮你确认应用程序已正确初始化。但是这时应用程序还没做什么有意思的事情，在初始化后的项目上做什么完全取决于我们。接下来，开始定义领域模型吧。

6.3.2 定义领域模型

阅读列表应用程序里的核心领域模型是Book类。虽然我们可以手工创建Book.groovy文件，但通常还是用grails工具来创建领域模型类比较好。因为它知道该把文件放到哪里，并且能在同一时间生成各种相关内容。

要创建Book类，我们会使用grails工具的create-domain-class命令：

```
$ grails create-domain-class Book
```

这条命令会生成两个源文件：一个Book.groovy文件和一个BookSpec.groovy文件。后者是一个Spock说明，用来测试Book类。一开始这个文件是空的，你可以填入各种测试内容来验证Book的各种功能。

Book.groovy文件里定义了Book类，你可以在grails-app/domain/readingList里找到这个文件。它一开始基本没什么内容：

```
package readinglist
class Book {

    static constraints = {
    }
}
```

我们需要添加一些字段来定义一本书，比如书名、作者和ISBN。在添加了这些字段后，Book.groovy看起来是这样的：

```
package readinglist
class Book {

    static constraints = {
    }
```

```
    String reader
    String isbn
    String title
    String author
    String description

}
```

静态的 `constraints` 变量里可以定义各种附加在 `Book` 实例上的验证约束。本章中，我们主要关注阅读列表应用程序的构建，看看如何基于 Spring Boot 构建应用程序，不会太关注验证的问题。因此，这里的 `constraints` 内容为空。当然，如果有需要的话，你可以随意添加约束。可以参考一下 *Grails in Action, Second Edition*，作者是 Glen Smith 和 Peter Ledbrook。[①]

为了使用 Grails，我们要保持阅读列表应用程序的简洁，要和第 2 章的程序一致。因此，接下来我们要创建 `Reader` 领域模型，还有控制器。

6.3.3 开发 Grails 控制器

有了领域模型，通过 `grails` 工具创建出控制器就很容易了。关于控制器，有几个命令可供选择。

- `create-controller`：创建空控制器，让开发者来编写控制器的功能。
- `generate-controller`：生成一个控制器，其中包含特定领域模型类的基本 CRUD 操作。
- `generate-all`：生成针对特定领域模型类的基本 CRUD 控制器，及其视图。

脚手架控制器很好用，也是 Grails 中比较知名的特性，但我们仍然会保持简洁，写一个仅包含必要功能的控制器，能匹配第 2 章里的应用程序功能就好。因此，我们用 `create-controller` 命令来创建原始的控制器，然后填入所需的方法。

```
$ grails create-controller ReadingList
```

这个命令会在 grails-app/controllers/readingList 里创建一个名为 `ReadingListController` 的控制器：

```
package readinglist
class ReadingListController {

    def index() { }
}
```

一行代码都不用改，这个控制器就能运行了，虽然它干不成什么事。此时，它能处理发往 /readingList 的请求，将请求转给 grails-app/views/readingList/index.gsp 里定义的视图（现在还没有，我们稍后会创建的）。

我们需要控制器来显示图书列表，还有添加新书的表单。我们还需要提交表单，将新书保存到数据库里的功能。下面的代码就是我们所需要的 `ReadingListController`。

[①] 这本书虽然主讲 Grails 2，但你在 Grails 2 里了解到的大部分内容都适用于 Grails 3。

代码清单6-6　改写ReadingListController

```
package readinglist

import static org.springframework.http.HttpStatus.*
import grails.transaction.Transactional

class ReadingListController {

  def index() {
    respond Book.list(params), model:[book: new Book()]        ◁──┤ 获取图书填充
  }                                                                到模型里

  @Transactional
  def save(Book book) {
    book.reader = 'Craig'
    book.save flush:true          ◁──┤ 保存图书
    redirect(action: "index")
  }

}
```

虽然相比等效的Java控制器，代码长度大幅缩短，但这个版本的`ReadingListController`功能已经基本完整。它可以处理发往/readingList的`GET`请求，获取并展示图书列表。在表单提交后，它还会处理`POST`请求，保存图书，随后重定向回index动作（由`index()`方法来处理）。

太不可思议了，我们已经基本完成了Grails版本的阅读列表应用程序。剩下的就是创建一个视图，显示图书列表和表单。

6.3.4　创建视图

Grails应用程序通常都用GSP模板来做视图。你已经看到过如何在Spring Boot应用程序里使用GSP了，因此，此处的模板并不会和6.2节里的模板有太多不同。

我们要做的是，利用Grails提供的布局设施，将公共的设计风格运用到整个应用程序里。如代码清单6-7所示，这就是个很简单的修改。

代码清单6-7　一个适用于Grails的GSP模板，包含布局

```html
<!DOCTYPE html>
<html>
  <head>
    <meta name="layout" content="main"/>        ◁──┤ 使用了main布局
    <title>Reading List</title>
    <link rel="stylesheet"
          href="/assets/main.css?compile=false" />
    <link rel="stylesheet"
          href="/assets/mobile.css?compile=false" />
    <link rel="stylesheet"
          href="/assets/application.css?compile=false" />
  </head>

  <body>
```

```html
<h2>Your Reading List</h2>

<g:if test="${bookList && !bookList.isEmpty()}">    ← 列出图书
  <g:each in="${bookList}" var="book">
  <dl>
    <dt class="bookHeadline">
      ${book.title}</span> by ${book.author}
      (ISBN: ${book.isbn}")
    </dt>
    <dd class="bookDescription">
      <g:if test="${book.description}">
      ${book.description}
      </g:if>
      <g:else>
      No description available
      </g:else>
    </dd>
  </dl>
  </g:each>
</g:if>
<g:else>
  <p>You have no books in your book list</p>
</g:else>

<hr/>

<h3>Add a book</h3>
                                    ← 图书表单
<g:form action="save">
<fieldset class="form">
  <label for="title">Title:</label>
  <g:field type="text" name="title" value="${book?.title}"/><br/>
  <label for="author">Author:</label>
  <g:field type="text" name="author"
                   value="${book?.author}"/><br/>
  <label for="isbn">ISBN:</label>
  <g:field type="text" name="isbn" value="${book?.isbn}"/><br/>
  <label for="description">Description:</label><br/>
  <g:textArea name="description" value="${book?.description}"
                            rows="5" cols="80"/>
</fieldset>
<fieldset class="buttons">
  <g:submitButton name="create" class="save"
    value="${message(code: 'default.button.create.label',
                                  default: 'Create')}" />
</fieldset>
</g:form>

</body>
</html>
```

在<head>元素里移除了引用样式表的<link>标签。这里放了一个<meta>标签，引入了Grails应用程序的main布局。这样一来，应用程序就能用上Grails的外观了，运行效果如图6-4所示。

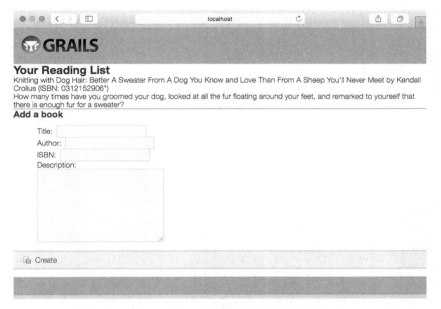

图6-4　应用通用Grails风格的阅读列表应用程序

虽然Grails风格比之前用的简单的样式表更吸引眼球。但很显然的是，要让阅读列表应用程序更好看，还有一些工作要做。首先要让应用程序和Grails不那么像，和我们的想象更接近一点。修改应用程序的样式表在本书的讨论范围之外，但如果你对样式微调感兴趣，可以在grails-app/assets/stylesheets目录里找到样式表文件。

6.4　小结

Grails和Spring Boot都旨在让开发者的生活更简单，大大简化基于Spring的开发模型，因此两者看起来是互相竞争的框架。但在本章中，我们看到了两者如何结合在一起，综合优势。

我们了解了如何向典型的Spring Boot应用程序中添加GORM和GSP视图，这两个都是知名的Grails特性。GORM是Spring Boot里一个很受欢迎的特性，能让你直接针对领域模型执行持久化操作，消除了对模型仓库的需求。

随后我们认识了Grails 3，即Grails构建于Spring Boot之上的最新版本。在开发Grails 3应用程序时，你也在使用Spring Boot，可以使用Spring Boot的全部特性，包括自动配置。

在本章和第5章里，我们看到了如何结合Groovy和Spring Boot，消除Java语言无法避免的那些代码噪声。

在第7章，我们要将关注点从开发Spring Boot应用程序转移到Spring Boot Actuator上，看看它如何帮助我们了解应用程序的运行情况。

第 7 章 深入Actuator

本章内容
- Actuator Web端点
- 调整Actuator
- 通过shell连入运行中的应用程序
- 保护Actuator

你有没有猜过包好的礼物盒里装的是什么东西？你会摇一摇，掂一掂，量一量，你甚至会执着于里面到底有什么。但打开盒子那一刻前，你没办法确认里面是什么。

运行中的应用程序就像礼物盒。你可以刺探它，作出合理的推测，猜测它的运行情况。但如何了解真实的情况呢？有没有一种办法能让你深入应用程序内部一窥究竟，了解它的行为，检查它的健康状况，甚至触发一些操作来影响应用程序呢？

在本章中，我们将了解Spring Boot的Actuator。它提供了很多生产级的特性，比如监控和度量Spring Boot应用程序。Actuator的这些特性可以通过众多REST端点、远程shell和JMX获得。我们先来看看Actuator的REST端点，这种最为人所熟知的使用方式提供了最完整的功能。

7.1 揭秘 Actuator 的端点

Spring Boot Actuator的关键特性是在应用程序里提供众多Web端点，通过它们了解应用程序运行时的内部状况。有了Actuator，你可以知道Bean在Spring应用程序上下文里是如何组装在一起的，掌握应用程序可以获取的环境属性信息，获取运行时度量信息的快照……

Actuator提供了13个端点，具体如表7-1所示。

表7-1　Actuator的端点

HTTP方法	路径	描述
GET	/autoconfig	提供了一份自动配置报告，记录哪些自动配置条件通过了，哪些没通过
GET	/configprops	描述配置属性（包含默认值）如何注入Bean
GET	/beans	描述应用程序上下文里全部的Bean，以及它们的关系
GET	/dump	获取线程活动的快照

（续）

HTTP方法	路径	描述
GET	/env	获取全部环境属性
GET	/env/{name}	根据名称获取特定的环境属性值
GET	/health	报告应用程序的健康指标，这些值由`HealthIndicator`的实现类提供
GET	/info	获取应用程序的定制信息，这些信息由info打头的属性提供
GET	/mappings	描述全部的URI路径，以及它们和控制器（包含Actuator端点）的映射关系
GET	/metrics	报告各种应用程序度量信息，比如内存用量和HTTP请求计数
GET	/metrics/{name}	报告指定名称的应用程序度量值
POST	/shutdown	关闭应用程序，要求`endpoints.shutdown.enabled`设置为`true`
GET	/trace	提供基本的HTTP请求跟踪信息（时间戳、HTTP头等）

要启用Actuator的端点，只需在项目中引入Actuator的起步依赖即可。在Gradle构建说明文件里，这个依赖是这样的：

```
compile 'org.springframework.boot:spring-boot-starter-actuator'
```

对于Maven项目，引入的依赖是这样的：

```
<dependency>
  <groupId>org.springframework.boot</groupId>
  <artifactId>spring-boot-starter-actuator</artifactId>
</dependency>
```

亦或你使用Spring Boot CLI，可以使用如下`@Grab`注解：

```
@Grab('spring-boot-starter-actuator')
```

无论Actuator是如何添加的，在应用程序运行时自动配置都会生效。Actuator会开启。

表7-1中的端点可以分为三大类：配置端点、度量端点和其他端点。让我们分别了解一下这些端点，从提供应用程序配置信息的端点看起。

7.1.1 查看配置明细

关于Spring组件扫描和自动织入，最常遭人抱怨的问题之一就是很难看到应用程序中的组件是如何装配起来的。Spring Boot自动配置让这个问题变得更严重，因为Spring的配置更少了。在有显式配置的情况下，你至少还能看到XML文件或者配置类，对Spring应用程序上下文里的Bean关系有个大概的了解。

我个人从不担心这个问题。也许是因为我意识到，在Spring出现之前，根本就没有应用程序组件的映射关系。

但是，如果你担心自动配置隐藏了Spring应用程序上下文中Bean的装配细节，那么我要告诉你一个好消息！Actuator有一些端点不仅可以显示组件映射关系，还可以告诉你自动配置在配置Spring应用程序上下文时做了哪些决策。

1. 获得Bean装配报告

要了解应用程序中Spring上下文的情况,最重要的端点就是/beans。它会返回一个JSON文档,描述上下文里每个Bean的情况,包括其Java类型以及注入的其他Bean。向/beans(在本地运行时是http://localhost:8080/beans)发起GET请求后,你会看到与代码清单7-1示例类似的信息。

代码清单7-1 /beans端点提供的Spring应用程序上下文Bean信息

```
[
  {
    "beans": [
      {
        "bean": "application",              ⟵—— Bean ID
        "dependencies": [],
        "resource": "null",
        "scope": "singleton",               ⟵—— Bean作用域
        "type": "readinglist.Application$$EnhancerBySpringCGLIB$$f363c202"
      },
      {
        "bean": "amazonProperties",
        "dependencies": [],
        "resource": "URL [jar:file:/../readinglist-0.0.1-SNAPSHOT.jar!
                            /readinglist/AmazonProperties.class]",  ⟵┐
        "scope": "singleton",                                         │
        "type": "readinglist.AmazonProperties"                       资源文件
      },
      {
        "bean": "readingListController",
        "dependencies": [                   ⟵—— 依赖
          "readingListRepository",
          "amazonProperties"
        ],
        "resource": "URL [jar:file:/../readinglist-0.0.1-SNAPSHOT.jar!
                            /readinglist/ReadingListController.class]",
        "scope": "singleton",
        "type": "readinglist.ReadingListController"
      },
      {
        "bean": "readerRepository",
        "dependencies": [
          "(inner bean)#219df4f5",
          "(inner bean)#2c0e7419",
          "(inner bean)#7d86037b",
          "jpaMappingContext"
        ],
        "resource": "null",
        "scope": "singleton",
        "type": "readinglist.ReaderRepository"   ⟵—— Java类型
      },
      {
        "bean": "readingListRepository",
        "dependencies": [
          "(inner bean)#98ce66",
```

```
            "(inner bean)#1fd7add0",
            "(inner bean)#59faabb2",
            "jpaMappingContext"
        ],
        "resource": "null",
        "scope": "singleton",
        "type": "readinglist.ReadingListRepository"
    },
    ...
    ],
    "context": "application",
    "parent": null
  }
]
```

代码清单7-1是阅读列表应用程序Bean信息的一个片段。如你所见，所有的Bean条目都有五类信息。

- `bean`：Spring应用程序上下文中的Bean名称或ID。
- `resource`：.class文件的物理位置，通常是一个URL，指向构建出的JAR文件。这会随着应用程序的构建和运行方式发生变化。
- `dependencies`：当前Bean注入的Bean ID列表。
- `scope`：Bean的作用域（通常是单例，这也是默认作用域）。
- `type`：Bean的Java类型。

虽然Bean报告不用具体绘图告诉你Bean是如何装配的（例如，通过属性或构造方法），但它帮你直观地了解了应用程序上下文中Bean的关系。实际上，写出一个工具，把Bean报告处理一下，用图形化的方式来展现Bean关系，这并不难。请注意，完整的Bean报告会包含很多Bean，还有很多自动配置的Bean，画出来的图会非常复杂。

2. 详解自动配置

/beans端点产生的报告能告诉你Spring应用程序上下文里都有哪些Bean。/autoconfig端点能告诉你为什么会有这个Bean，或者为什么没有这个Bean。

正如第2章里说的，Spring Boot自动配置构建于Spring的条件化配置之上。它提供了众多带有`@Conditional`注解的配置类，根据条件决定是否要自动配置这些Bean。/autoconfig端点提供了一个报告，列出了计算过的所有条件，根据条件是否通过进行分组。

代码清单7-2是阅读列表应用程序自动配置报告里的一个片段，里面有一个通过的条件，还有一个没通过的条件。

代码清单7-2 阅读列表应用程序的自动配置报告

```
{
    "positiveMatches": {          ←── 成功条件
    ...
    "DataSourceAutoConfiguration.JdbcTemplateConfiguration
                                        #jdbcTemplate": [
        {
            "condition": "OnBeanCondition",
```

```
            "message": "@ConditionalOnMissingBean (types:
                org.springframework.jdbc.core.JdbcOperations;
                SearchStrategy: all) found no beans"
          }
        ],
        ...
    },
    "negativeMatches": {                    ←———— 失败条件
    "ActiveMQAutoConfiguration": [
        {
            "condition": "OnClassCondition",
            "message": "required @ConditionalOnClass classes not found:
                javax.jms.ConnectionFactory,org.apache.activemq
                .ActiveMQConnectionFactory"
        }
        ],
        ...
    }
}
```

在positiveMatches里,你会看到一个条件,决定Spring Boot是否自动配置JdbcTemplate Bean。匹配到的名字是DataSourceAutoConfiguration.JdbcTemplateConfiguration#jdbcTemplate,这是运用了条件的具体配置类。条件类型是OnBeanCondition,意味着条件的输出是由某个Bean的存在与否来决定的。在本例中,message属性已经清晰地表明了该条件是检查是否有JdbcOperations类型(JbdcTemplate实现了该接口)的Bean存在。如果没有配置这种Bean,则条件成立,创建一个JdbcTemplate Bean。

与之类似,在negativeMatches里,有一个条件决定了是否要配置ActiveMQ。这是一个OnClassCondition,会检查Classpath里是否存在ActiveMQConnectionFactory。因为Classpath里没有这个类,条件不成立,所以不会自动配置ActiveMQ。

3. 查看配置属性

除了要知道应用程序的Bean是如何装配的,你可能还对能获取哪些环境属性,哪些配置属性注入了Bean里感兴趣。

/env端点会生成应用程序可用的所有环境属性的列表,无论这些属性是否用到。这其中包括环境变量、JVM属性、命令行参数,以及applicaition.properties或application.yml文件提供的属性。

代码清单7-3的示例代码是/env端点获取信息的一个片段。

代码清单7-3 /env端点会报告所有可用的属性

```
{
  "applicationConfig: [classpath:/application.yml]": {      ←———— 应用属性
    "amazon.associate_id": "habuma-20",
    "error.whitelabel.enabled": false,
    "logging.level.root": "INFO"
  },
  "profiles": [],
  "servletContextInitParams": {},              ←———— 环境变量
  "systemEnvironment": {
```

```
        "BOOK_HOME": "/Users/habuma/Projects/BookProjects/walls6",
        "GRADLE_HOME": "/Users/habuma/.sdkman/gradle/current",
        "GRAILS_HOME": "/Users/habuma/.sdkman/grails/current",
        "GROOVY_HOME": "/Users/habuma/.sdkman/groovy/current",
        ...
    },
    "systemProperties": {                ◁──── JVM系统属性
        "PID": "682",
        "file.encoding": "UTF-8",
        "file.encoding.pkg": "sun.io",
        "file.separator": "/",
        ...
    }
}
```

基本上，任何能给Spring Boot应用程序提供属性的属性源都会列在/env的结果里，同时会显示具体的属性。

代码清单7-3中的属性来源有很多，包括应用程序配置（application.yml）、Spring Profile、Servlet上下文初始化参数、系统环境变量和JVM系统属性。（本例中没有Profile和Servlet上下文初始化参数。）

属性常用来提供诸如数据库或API密码之类的敏感信息。为了避免此类信息暴露到/env里，所有名为password、secret、key（或者名字中最后一段是这些）的属性在/env里都会加上"*"。举个例子，如果有一个属性名字是database.password，那么它在/env中的显示效果是这样的：

```
"database.password":"******"
```

/env端点还能用来获取单个属性的值，只需要在请求时在/env后加上属性名即可。举例来说，对阅读列表应用程序发起`/env/amazon.associate_id`请求，获得的结果是habuma-20（纯文本形式）。

回想第3章，这些环境属性可以通过@ConfigurationProperties注解很方便地使用。这些环境属性会注入带有@ConfigurationProperties注解的Bean的实例属性。/configprops端点会生成一个报告，说明如何进行设置（注入或其他方式）。代码清单7-4是阅读列表应用程序的配置属性报告片段。

代码清单7-4　配置属性报告

```
{
    "amazonProperties": {            ◁──── Amazon配置
        "prefix": "amazon",
        "properties": {
            "associateId": "habuma-20"
        }
    },
    ...
    "serverProperties": {            ◁──── 服务器配置
        "prefix": "server",
        "properties": {
            "address": null,
```

```
            "contextPath": null,
            "port": null,
            "servletPath": "/",
            "sessionTimeout": null,
            "ssl": null,
            "tomcat": {
              "accessLogEnabled": false,
              "accessLogPattern": null,
              "backgroundProcessorDelay": 30,
              "basedir": null,
              "compressableMimeTypes": "text/html,text/xml,text/plain",
              "compression": "off",
              "maxHttpHeaderSize": 0,
              "maxThreads": 0,
              "portHeader": null,
              "protocolHeader": null,
              "remoteIpHeader": null,
              "uriEncoding": null
            },
            ...
          }
        },
        ...
      }
```

片段中的第一个内容是我们在第3章里创建的amazonProperties Bean。报告显示它添加了@ConfigurationProperties注解，前缀为amazon。associateId属性设置为habuma-20。这是因为在application.yml里，我们把amazon.associateId属性设置成了habuma-20。

你还会看到一个serverProperties条目（前缀是server），还有一些属性。它们都有默认值，你也可以通过设置server前缀的属性来改变这些值。举例来说，你可以通过设置server.port属性来修改服务器监听的端口。

除了展现运行中应用程序的配置属性如何设置，这个报告也能作为一个快速参考指南，告诉你有哪些属性可以设置。例如，如果你不清楚怎么设置嵌入式Tomcat服务器的最大线程数，可以看一下配置属性报告，里面会有一条server.tomcat.maxThreads，这就是你要找的属性。

4. 生成端点到控制器的映射

在应用程序相对较小的时候，很容易搞清楚控制器都映射到了哪些端点上。如果Web界面的控制器和请求处理方法数量多，那最好能有一个列表，罗列出应用程序发布的全部端点。

/mappings端点就提供了这么一个列表。代码清单7-5是阅读列表应用程序的映射报告片段。

代码清单7-5　阅读列表应用程序的控制器/端点映射

```
{
    ...                                              ReadingListController
                                                     映射
    "{[/],methods=[GET],params=[],headers=[],consumes=[],produces=[],
                                                      custom=[]}": {
      "bean": "requestMappingHandlerMapping",
      "method": "public java.lang.String readinglist.ReadingListController.
```

```
                    readersBooks(readinglist.Reader,org.springframework.ui.Model)"
    },
    "{[/],methods=[POST],params=[],headers=[],consumes=[],produces=[],
                                                      custom=[]}": {
      "bean": "requestMappingHandlerMapping",
      "method": "public java.lang.String readinglist.ReadingListController
                        .addToReadingList(readinglist.Reader,readinglist.
      Book)"
    },
    "{[/autoconfig],methods=[GET],params=[],headers=[],consumes=[]
                                          ,produces=[],custom=[]}": {      ← 自动配置报告
      "bean": "endpointHandlerMapping",                                        的映射
      "method": "public java.lang.Object org.springframework.boot
                    .actuate.endpoint.mvc.EndpointMvcAdapter.invoke()"
    },
    ...
}
```

这里我们可以看到不少端点的映射。每个映射的键都是一个字符串，其内容就是Spring MVC的`@RequestMapping`注解上设置的属性。实际上，这个字符串能让你清晰地了解控制器是如何映射的，哪怕不看源代码。每个映射的值都有两个属性：`bean`和`method`。`bean`属性标识了Spring Bean的名字，映射源自这个Bean。`method`属性是映射对应方法的全限定方法签名。

头两个映射关乎应用程序中`ReadingListController`的请求如何处理。第一个表明`readersBooks()`方法处理根路径（`/`）的HTTP `GET`请求。第二个表明`POST`请求映射到`addToReadingList()`方法上。

接下来的映射是Actuator提供的端点。/autoconfig端点的HTTP `GET`请求由Spring Boot的`EndpointMvcAdapter`类的`invoke()`方法来处理。当然，还有很多其他Actuator的端点没有列在代码清单7-5里，这种省略完全是为了简化代码示例。

Actuator的配置端点能很方便地让你了解应用程序是如何配置的。能看到应用程序在运行时究竟发生了什么，这很有趣、很实用。度量端点能展示应用程序运行时内部状况的快照。

7.1.2 运行时度量

你到医生那里体检时，会做一系列检查来了解身体状况。有一些重要的项目永远不会变，比如血型。这类测试能让医生了解你身体的一贯情况。其他测试让医生掌握你接受检查时的身体状况。你的心律、血压和胆固醇水平有助于医生评估你的健康。这些指标都是临时的，很可能随时间发生变化，但它们同样是很有帮助的运行时指标。

与之类似，对运行时度量情况做一个快照，这对评估应用程序的健康情况很有帮助。Actuator提供了一系列端点，让你能在运行时快速检查应用程序。让我们来了解一下这些端点，从/metrics开始。

1. 查看应用程序的度量值

关于运行中的应用程序，有很多有趣而且有用的信息。举个例子，了解应用程序的内存情况（可用或空闲）有助于决定给JVM分配多少内存。对Web应用程序而言，不用查看Web服务器日志，

如果请求失败或者是耗时太长，就可以大概知道内存的情况了。

运行中的应用程序有诸多计数器和度量器，/metrics端点提供了这些东西的快照。代码清单7-6是/metrics端点输出内容的示例。

代码清单7-6 /metrics端点提供了很多有用的运行时数据

```
{
    mem: 198144,
    mem.free: 144029,
    processors: 8,
    uptime: 1887794,
    instance.uptime: 1871237,
    systemload.average: 1.33251953125,
    heap.committed: 198144,
    heap.init: 131072,
    heap.used: 54114,
    heap: 1864192,
    threads.peak: 21,
    threads.daemon: 19,
    threads: 21,
    classes: 9749,
    classes.loaded: 9749,
    classes.unloaded: 0,
    gc.ps_scavenge.count: 22,
    gc.ps_scavenge.time: 122,
    gc.ps_marksweep.count: 2,
    gc.ps_marksweep.time: 156,
    httpsessions.max: -1,
    httpsessions.active: 1,
    datasource.primary.active: 0,
    datasource.primary.usage: 0,
    counter.status.200.beans: 1,
    counter.status.200.env: 1,
    counter.status.200.login: 3,
    counter.status.200.metrics: 2,
    counter.status.200.root: 6,
    counter.status.200.star-star: 9,
    counter.status.302.login: 3,
    counter.status.302.logout: 1,
    counter.status.302.root: 5,
    gauge.response.beans: 169,
    gauge.response.env: 165,
    gauge.response.login: 3,
    gauge.response.logout: 0,
    gauge.response.metrics: 2,
    gauge.response.root: 11,
    gauge.response.star-star: 2
}
```

如你所见，/metrics端点提供了很多信息，逐行查看这些度量值太麻烦。表7-2根据所提供信息的类型对它们做了个分类。

表7-2 /metrics端点报告的度量值和计数器

分类	前缀	报告内容
垃圾收集器	gc.*	已经发生过的垃圾收集次数，以及垃圾收集所耗费的时间，适用于标记-清理垃圾收集器和并行垃圾收集器（数据源自java.lang.management.GarbageCollectorMXBean）
内存	mem.*	分配给应用程序的内存数量和空闲的内存数量（数据源自java.lang.Runtime）
堆	heap.*	当前内存用量（数据源自java.lang.management.MemoryUsage）
类加载器	classes.*	JVM类加载器加载与卸载的类的数量（数据源自java.lang.management.ClassLoadingMXBean）
系统	processors、uptime instance.uptime、systemload.average	系统信息，例如处理器数量（数据源自java.lang.Runtime）、运行时间（数据源自java.lang.management.RuntimeMXBean）、平均负载（数据源自java.lang.management.OperatingSystemMXBean）
线程池	threads.*	线程、守护线程的数量，以及JVM启动后的线程数量峰值（数据源自java.lang.management.ThreadMXBean）
数据源	datasource.*	数据源连接的数量（源自数据源的元数据，仅当Spring应用程序上下文里存在DataSource Bean的时候才会有这个信息）
Tomcat会话	httpsessions.*	Tomcat的活跃会话数和最大会话数（数据源自嵌入式Tomcat的Bean，仅在使用嵌入式Tomcat服务器运行应用程序时才有这个信息）
HTTP	counter.status.*、gauge.response.*	多种应用程序服务HTTP请求的度量值与计数器

请注意，这里的一些度量值，比如数据源和Tomcat会话，仅在应用程序中运行特定组件时才有数据。你还可以注册自己的度量信息，7.4.3节里会提到这一点。

HTTP的计数器和度量值需要做一点说明。counter.status后的值是HTTP状态码，随后是所请求的路径。举个例子，counter.status.200.metrics表明/metrics端点返回200（OK）状态码的次数。

HTTP的度量信息在结构上也差不多，却在报告另一类信息。它们全部以gauge.response开头，表明这是HTTP响应的度量信息。前缀后是对应的路径。度量值是以毫秒为单位的时间，反映了最近处理该路径请求的耗时。举个例子，代码清单7-6里的gauge.response.beans说明上一次请求耗时169毫秒。

这里还有几个特殊的值需要注意。root路径指向的是根路径或/。star-star代表了那些Spring认为是静态资源的路径，包括图片、JavaScript和样式表，其中还包含了那些找不到的资源。这就是为什么你经常会看到counter.status.404.star-star，这是返回了HTTP 404 (NOT FOUND)状态的请求数。

/metrics端点会返回所有的可用度量值，但你也可能只对某个值感兴趣。要获取单个值，请求时可以在URL后加上对应的键名。例如，要查看空闲内存大小，可以向/metrics/mem.free发一个GET请求：

```
$ curl localhost:8080/metrics/mem.free
144029
```

要知道，虽然响应里的Content-Type头设置为application/json;charset=UTF-8，但实际

/metrics/{name}的结果是文本格式的。因此，如果需要的话，你也可以把它视为JSON来处理。

2. 追踪Web请求

尽管/metrics端点提供了一些针对Web请求的基本计数器和计时器，但那些度量值缺少详细信息。知道所处理请求的更多信息是很有帮助的，尤其是在调试时，所以就有了/trace这个端点。

/trace端点能报告所有Web请求的详细信息，包括请求方法、路径、时间戳以及请求和响应的头信息。代码清单7-7是/trace输出的一个片段，其中包含了整个请求跟踪项。

代码清单7-7 /trace端点会记录下Web请求的细节

```
[
  ...
  {
    "timestamp": 1426378239775,
    "info": {
      "method": "GET",
      "path": "/metrics",
      "headers": {
        "request": {
          "accept": "*/*",
          "host": "localhost:8080",
          "user-agent": "curl/7.37.1"
        },
        "response": {
          "X-Content-Type-Options": "nosniff",
          "X-XSS-Protection": "1; mode=block",
          "Cache-Control":
                "no-cache, no-store, max-age=0, must-revalidate",
          "Pragma": "no-cache",
          "Expires": "0",
          "X-Frame-Options": "DENY",
          "X-Application-Context": "application",
          "Content-Type": "application/json;charset=UTF-8",
          "Transfer-Encoding": "chunked",
          "Date": "Sun, 15 Mar 2015 00:10:39 GMT",
          "status": "200"
        }
      }
    }
  }
]
```

正如`method`和`path`属性所示，你可以看到这个跟踪项是一个针对/metrics的请求。`timestamp`属性（以及响应中的`Date`头）告诉了你请求的处理时间。`headers`属性的内容是请求和响应中所携带的头信息。

虽然代码清单7-7里只显示了一条跟踪项，但/trace端点实际能显示最近100个请求的信息，包含对/trace自己的请求。它在内存里维护了一个跟踪库。稍后在7.4.4节里，你会看到如何创建一个自定义的跟踪库实现，以便将请求的跟踪持久化。

3. 导出线程活动

在确认应用程序运行情况时，除了跟踪请求，了解线程活动也会很有帮助。/dump端点会生成当前线程活动的快照。

完整的线程导出报告里会包含应用程序的每个线程。为了节省空间，代码清单7-8里只放了一个线程的内容片段。如你所见，其中包含很多线程的特定信息，还有线程相关的阻塞和锁状态。本例中，还有一个跟踪栈（stack trace），表明这是一个Tomcat容器线程。

代码清单7-8 /dump端点提供了应用程序线程的快照

```
[
  {
    "threadName": "container-0",
    "threadId": 19,
    "blockedTime": -1,
    "blockedCount": 0,
    "waitedTime": -1,
    "waitedCount": 64,
    "lockName": null,
    "lockOwnerId": -1,
    "lockOwnerName": null,
    "inNative": false,
    "suspended": false,
    "threadState": "TIMED_WAITING",
    "stackTrace": [
      {
        "className": "java.lang.Thread",
        "fileName": "Thread.java",
        "lineNumber": -2,
        "methodName": "sleep",
        "nativeMethod": true
      },
      {
        "className": "org.springframework.boot.context.embedded.
                      tomcat.TomcatEmbeddedServletContainer$1",
        "fileName": "TomcatEmbeddedServletContainer.java",
        "lineNumber": 139,
        "methodName": "run",
        "nativeMethod": false
      }
    ],
    "lockedMonitors": [],
    "lockedSynchronizers": [],
    "lockInfo": null
  },
  ...
]
```

4. 监控应用程序健康情况

如果你想知道自己的应用程序是否在运行，可以直接访问/health端点。在最简单的情况下，该端点会显示一个简单的JSON，内容如下：

```
{"status":"UP"}
```

status属性显示了应用程序在运行中。当然，它的确在运行，此处的响应无关紧要，任何输出都说明这个应用程序在运行。但/health端点可以输出的信息远远不止简单的UP状态。

/health端点输出的某些信息可能涉及内容，因此对未经授权的请求只能提供简单的健康状态。如果经过身份验证（比如你已经登录了），则可以提供更多信息。下面是阅读列表应用程序一些健康信息的示例：

```
{
  "status":"UP",
  "diskSpace": {
    "status":"UP",
    "free":377423302656,
    "threshold":10485760
  },
  "db":{
    "status":"UP",
    "database":"H2",
    "hello":1
  }
}
```

除了基本的健康状态，可用的磁盘空间以及应用程序正在使用的数据库状态也可以看到。

/health端点所提供的所有信息都是由一个或多个健康指示器提供的。表7-3列出了Spring Boot自带的健康指示器。

表7-3 Spring Boot自带的健康指示器

健康指示器	键	报告内容
ApplicationHealthIndicator	none	永远为UP
DataSourceHealthIndicator	db	如果数据库能连上，则内容是UP和数据库类型；否则为DOWN
DiskSpaceHealthIndicator	diskSpace	如果可用空间大于阈值，则内容为UP和可用磁盘空间；如果空间不足则为DOWN
JmsHealthIndicator	jms	如果能连上消息代理，则内容为UP和JMS提供方的名称；否则为DOWN
MailHealthIndicator	mail	如果能连上邮件服务器，则内容为UP和邮件服务器主机和端口；否则为DOWN
MongoHealthIndicator	mongo	如果能连上MongoDB服务器，则内容为UP和MongoDB服务器版本；否则为DOWN
RabbitHealthIndicator	rabbit	如果能连上RabbitMQ服务器，则内容为UP和版本号；否则为DOWN
RedisHealthIndicator	redis	如果能连上服务器，则内容为UP和Redis服务器版本；否则为DOWN
SolrHealthIndicator	solr	如果能连上Solr服务器，则内容为UP；否则为DOWN

这些健康指示器会按需自动配置。举例来说，如果Classpath里有javax.sql.DataSource，则会自动配置DataSourceHealthIndicator。ApplicationHealthIndicator和DiskSpaceHealthIndicator则会一直配置着。

除了这些自带的健康指示器，你还会在7.4.5节里看到如何创建自定义健康指示器。

7.1.3 关闭应用程序

假设你要关闭运行中的应用程序。比方说,在微服务架构中,你有多个微服务应用的实例运行在云上,其中某个实例有问题了,你决定关闭该实例并让云服务提供商为你重启这个有问题的应用程序。在这个场景中,Actuator的/shutdown端点就很有用了。

为了关闭应用程序,你要往/shutdown发送一个POST请求。例如,可以用命令行工具curl来关闭应用程序:

```
$ curl -X POST http://localhost:8080/shutdown
```

很显然,关闭运行中的应用程序是件危险的事情,因此这个端点默认是关闭的。如果没有显式地开启这个功能,那么POST请求的结果是这样的:

```
{"message":"This endpoint is disabled"}
```

要开启该端点,可以将endpoints.shutdown.enabled设置为true。举例来说,可以把如下内容加入application.yml,借此开启/shutdown端点:

```
endpoints:
  shutdown:
    enabled: true
```

打开/shutdown端点后,你要确保并非任何人都能关闭应用程序。这时应该保护/shutdown端点,只有经过授权的用户能关闭应用程序。在7.5节里你将看到如何保护Actuator端点。

7.1.4 获取应用信息

Spring Boot Actuator还有一个有用的端点。/info端点能展示各种你希望发布的应用信息。针对该端点的GET请求的默认响应是这样的:

```
{}
```

很显然,一个空的JSON对象没什么用。但你可以通过配置带有info前缀的属性向/info端点的响应添加内容。例如,你希望在响应中添加联系邮箱。可以在application.yml里设置名为info.contactEmail的属性:

```
info:
  contactEmail: support@myreadinglist.com
```

现在再访问/info端点,就能得到如下响应:

```
{
  "contactEmail":"support@myreadinglist.com"
}
```

这里的属性也可以是嵌套的。例如,假设你希望提供联系邮箱和电话。在application.yml里可以配置如下属性:

```
info:
  contact:
    email: support@myreadinglist.com
    phone: 1-888-555-1971
```

/info端点返回的JSON会包含一个`contact`属性，其中有`email`和`phone`属性：

```
{
  "contact":{
    "email":"support@myreadinglist.com",
    "phone":"1-888-555-1971"
  }
}
```

向/info端点添加属性只是定制Actuator行为的众多方式之一。稍后在7.4节里，我们还会看到其他配置与扩展Actuator的方式。但现在，先让我们来看看如何保护Actuator的端点。

7.2 连接 Actuator 的远程 shell

Actuator通过REST端点提供了不少非常有用的信息。另一个深入运行中应用程序内部的方式是使用远程shell。Spring Boot集成了CRaSH，一种能嵌入任意Java应用程序的shell。Spring Boot还扩展了CRaSH，添加了不少Spring Boot特有的命令，提供了与Actuator端点类似的功能。

要使用远程shell，只需加入远程shell的起步依赖即可。你需要这样的Gradle依赖：

```
compile("org.springframework.boot:spring-boot-starter-remote-shell")
```

如果用Maven构建项目，你需要在pom.xml文件里添加如下依赖：

```xml
<dependency>
  <groupId>org.springframework.boot</groupId>
  <artifactId>spring-boot-starter-remote-shell</artifactId>
</dependency>
```

如果要用Spring Boot CLI来运行你所开发的应用程序，则需要如下`@Grab`注解：

```
@Grab("spring-boot-starter-remote-shell")
```

添加了远程shell依赖后，就可以构建并运行应用程序了。在启动的时候，可以看到要写进日志的一行密码。这行密码所在的行大概是这样的：

```
Using default security password: efe30c70-5bf0-43b1-9d50-c7a02dda7d79
```

与这个密码搭配使用的用户名是user。密码本身是随机生成的，每次运行应用程序时都会有所变化。

现在你可以通过SSH工具连接shell了，它监听的端口号是2000。如果你用的是Unix的`ssh`命令，那么它看起来大概是这样的：

```
~% ssh user@localhost -p 2000
Password authentication
Password:
  .   ____          _            __ _ _
 /\\ / ___'_ __ _ _(_)_ __  __ _ \ \ \ \
( ( )\___ | '_ | '_| | '_ \/ _` | \ \ \ \
 \\/  ___)| |_)| | | | | || (_| |  ) ) ) )
  '  |____| .__|_| |_|_| |_\__,  | / / / /
 =========|_|==============|___/=/_/_/_/
```

```
  :: Spring Boot ::   (v1.3.0.RELEASE) on habuma.local
>
```

太棒了！你已经连上shell了。现在应该做什么？

远程shell提供了24个可以在运行应用程序上下文中执行的命令，其中大部分都是CRaSH自带的。但Spring Boot也添加了一些。表7-4列出了这些Spring Boot特有的命令。

表7-4　Spring Boot提供的CRaSH shell命令

命　令	描　述
autoconfig	生成自动配置说明报告，和/autoconfig端点输出的内容类似，只是把JSON换成了纯文本
beans	列出Spring应用程序上下文里的Bean，与/beans端点输出的内容类似
endpoint	调用Actuator端点
metrics	显示Spring Boot的度量信息，与/metrics端点类似，但显示的是实时更新的数据

让我们看看如何使用这些Spring Boot添加的shell命令。

7.2.1　查看 `autoconfig` 报告

`autoconfig`命令生成了一个与Actuatord的/autoconfig端点类似的报告。图7-1是`autoconfig`命令输出的内容截取。

图7-1　`autoconfig`命令的输出

如你所见，结果分为两组——匹配和不匹配，和/autoconfig端点的结果一样。实际上，唯一的显著区别在于，`autoconfig`命令输出的是文本，而/autoconfig端点输出的是JSON，其他都一样。

我不打算去讲CRaSH自己提供的shell命令，但你可能想把`autoconfig`命令的输出和CRaSH的`less`命令用管道串起来：

> autoconfig | less

`less`命令和Unix shell里的同名命令很相似，能让你穿梭于文件中。`autoconfig`的输出很长，但`less`命令会让它更容易读取和查阅。

7.2.2 列出应用程序的 Bean

`autoconfig` shell命令的输出和/autoconfig端点的输出类似，但也有不同。对比之下，你会发现`beans`命令的输出和/beans端点的输出一样。截屏如图7-2所示。

图7-2　`beans`命令的输出

和/beans端点一样，`beans`命令会以JSON格式列出Spring应用程序上下文里所有的Bean，包括所依赖的Bean。

7.2.3 查看应用程序的度量信息

`metrics`shell命令会输出与Actuator的/metrics端点一样的信息。/metrics端点以JSON格式输出当前度量信息的快照，而`metrics`命令则会接管shell，以实时仪表盘显示结果。图7-3就是`metrics`命令的仪表盘。

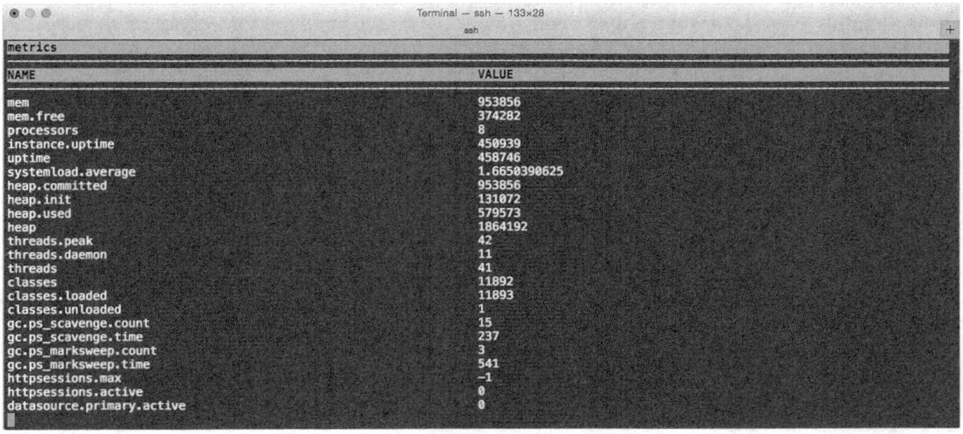

7.2 连接 Actuator 的远程 shell

图7-3 metrics命令的仪表盘

metrics命令的实时仪表盘很难在书里以静态图片演示。但你可以试着想象一下，内存、堆、线程在不断消耗和释放，随着类的加载，仪表盘里显示的数量也会随之变化，以反映当前值。

一旦看完了metrics命令提供的度量信息，按Ctrl+C就能回到shell了。

7.2.4 调用 Actuator 端点

你现在应该已经意识到了，并非所有的Actuator端点都有对应的shell命令。这是否意味着shell不能完全代替Actuator端点呢？是否仍要直接查询这些端点来获取Actuator提供的内部信息呢？虽然shell没能完全匹配上这些端点，但endpoint命令可以让你在shell里调用Actuator的端点。

首先，你要知道自己想调用哪个端点。在shell提示符中键入endpoint list就能获得端点的列表，如图7-4所示。请注意，列表中的端点用的是它们的Bean名称，而非URL路径。

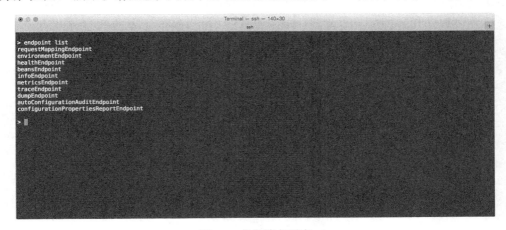

图7-4 获得端点列表

如果想在shell里调用其中某个端点，你可以使用`endpoint invoke`命令，传入不带Endpoint后缀的Bean名称。举例来说，要调用健康检查端点，可以在shell提示符里键入`endpoint invoke health`，如图7-5所示。

图7-5　调用健康检查端点

请注意，这些端点返回的信息都是原始格式的，即未格式化过的JSON文档。虽然在shell里调用Actuator的端点不错，但输出结果很难阅读。就这个问题，自带的功能帮不上忙。但如果爱折腾，你也可以创建一个自定义的CRaSH shell命令，通过管道接受未格式化的JSON，然后美化输出。你总是可以剪切黏贴`endpoint`命令的输出，将其放入你喜欢的工具进行阅读或格式化。

7.3　通过 JMX 监控应用程序

除了REST端点和远程shell，Actuator还把它的端点以MBean的方式发布了出来，可以通过JMX来查看和管理。使用JMX是管理Spring Boot应用程序的一个好方法，如果你已在用JMX管理应用程序中的其他MBean，则尤其如此。

Actuator的端点都发布在org.springframework.boot域下。比如，你想要查看应用程序的请求映射关系，那么可以看一下图7-6（通过JConsole查看请求映射端点）。

7.3 通过 JMX 监控应用程序

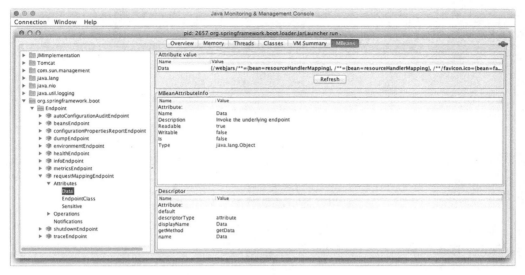

图7-6　通过JConsole查看请求映射端点

如你所见，在 requestMappingEndpoint 下可以找到请求映射端点，位于org.springframework.boot域中的 Endpoint 下。Data属性中包含了该端点所要输出的JSON内容。

和其他MBean一样，端点MBean有可供调用的操作。大部分端点MBean只有访问操作，返回其中的某个属性，但/shutdown端点提供了一些有趣（同时具有毁灭性）的操作，如图7-7所示。

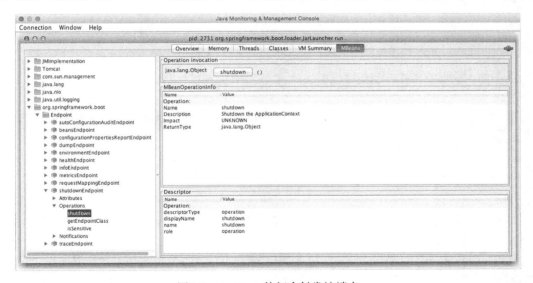

图7-7　shutdown按钮会触发该端点

如果你想要关闭应用程序（或者喜欢冒险），那么关闭应用的端点正合你意。如图7-7所示，这个界面就等你点击shutdown按钮调用该端点。请小心，这里没有"后悔药"，也没有"你确定吗？"之类的提示。

接下来你会看图7-8。

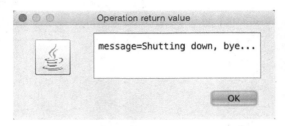

图7-8　应用程序立马关闭

在那以后，你的应用程序就关闭了。应用已经关闭，自然就没办法发布其他用来重启它的MBean操作。你必须重启，和一开始的启动方式一样。

7.4　定制 Actuator

虽然Actuator提供了很多运行中Spring Boot应用程序的内部工作细节，但难免和你的需求有所偏差。也许你并不需要它提供的所有功能，想要关闭一些也说不定。或者，你需要对Actuator稍作扩展，增加一些自定义的度量信息，以满足你对应用程序的需求。

实际上，Actuator有多种定制方式，包括以下五项。
- 重命名端点。
- 启用和禁用端点。
- 自定义度量信息。
- 创建自定义仓库来存储跟踪数据。
- 插入自定义的健康指示器。

接下来，我们会了解如何定制Actuator，以满足我们的需要。先来看一个最简单的定制：重命名Actuator端点。

7.4.1　修改端点 ID

每个Actuator端点都有一个ID用来决定端点的路径，比方说，/beans端点的默认ID就是`beans`。

如果端点的路径是由ID决定的，那么可以通过修改ID来改变端点的路径。你要做的就是设置一个属性，属性名是`endpoints.endpoint-id.id`。

我们用/shutdown端点来做个演示，它会响应发往/shutdown的`POST`请求。假设你想让它处理发往/kill的`POST`请求，可以通过如下YAML为/shutdown赋予一个新的ID，也就是新的路径：

```
endpoints:
  shutdown:
```

```
        id: kill
```

重命名端点、修改其路径的理由很多。最明显的理由就是，端点的命名要和团队的术语保持一致。你也可能想重命名端点，让那些熟悉默认名称的人找不到它，借此增加一些安全感。

遗憾的是，重命名端点并不能真的起到保护作用，顶多是让黑客慢点找到它们。我们会在7.5节看到如何保护这些Actuator端点。现在先让我们来看看如何禁用某个（或全部）不希望别人访问的端点。

7.4.2 启用和禁用端点

虽然Actuator的端点都很有用，但你不一定需要全部这些端点。默认情况下，所有端点（除了/shutdown）都启用。我们已经看过如何设置`endpoints.shutdown.enabled`为`true`，以此开启/shutdown端点（详见7.1.1节）。用同样的方式，你可以禁用其他的端点，将`endpoints.endpoint-id.enabled`设置为`false`。

例如，要禁用/metrics端点，你要做的就是将`endpoints.metrics.enabled`属性设置为`false`。在application.yml里做如下设置：

```
endpoints:
  metrics:
    enabled: false
```

如果你只想打开一两个端点，那就先禁用全部端点，然后启用那几个你要的，这样更方便。例如，考虑如下application.yml片段：

```
endpoints:
  enabled: false
  metrics:
    enabled: true
```

正如以上片段所示，`endpoints.enabled`设置为`false`就能禁用Actuator的全部端点，然后将`endpoints.metrics.enabled`设置为`true`重新启用/metrics端点。

7.4.3 添加自定义度量信息

在7.1.2节中，你看到了如何从/metrics端点获得运行中应用程序的内部度量信息，包括内存、垃圾回收和线程信息。这些都是非常有用且信息量很大的度量值，但你可能还想定义自己的度量，用来捕获应用程序中的特定信息。

比方说，我们想要知道用户往阅读列表里保存了多少次图书，最简单的方法就是在每次调用`ReadingListController`的`addToReadingList()`方法时增加计数器值。计数器很容易实现，但这个不断变化的总计值如何同/metrics端点发布的度量信息一起发布出来呢？

再假设我们想要获得最后保存图书的时间戳。时间戳可以通过调用`System.currentTimeMillis()`来获取，但如何在/metrics端点里报告该时间戳呢？

实际上，自动配置允许Actuator创建`CounterService`的实例，并将其注册为Spring的应用程序上下文中的Bean。CounterService这个接口里定义了三个方法，分别用来增加、减少或重置特定名称的度量值，代码如下：

```
package org.springframework.boot.actuate.metrics;

public interface CounterService {
  void increment(String metricName);
  void decrement(String metricName);
  void reset(String metricName);
}
```

Actuator的自动配置还会配置一个GaugeService类型的Bean。该接口与CounterService类似，能将某个值记录到特定名称的度量值里。GaugeService看起来是这样的：

```
package org.springframework.boot.actuate.metrics;

public interface GaugeService {
  void submit(String metricName, double value);
}
```

你无需实现这些接口。Spring Boot已经提供了两者的实现。我们所要做的就是把它们的实例注入所需的Bean，在适当的时候调用其中的方法，更新想要的度量值。

针对上文提到的需求，我们需要把CounterService和GaugeService Bean注入ReadingListController，然后在addToReadingList()方法里调用其中的方法。代码清单7-9是ReadingListController里的相关变动。

代码清单7-9　使用注入的CounterService和GaugeService

```
@Controller
@RequestMapping("/")
@ConfigurationProperties("amazon")
public class ReadingListController {

  ...

  private CounterService counterService;

  @Autowired
  public ReadingListController(
      ReadingListRepository readingListRepository,
      AmazonProperties amazonProperties,
      CounterService counterService,           ←── 注入 CounterService 和 GaugeService
      GaugeService gaugeService) {
    this.readingListRepository = readingListRepository;
    this.amazonProperties = amazonProperties;
    this.counterService = counterService;
    this.gaugeService = gaugeService;
  }

  ...

  @RequestMapping(method=RequestMethod.POST)
```

```
  public String addToReadingList(Reader reader, Book book) {
    book.setReader(reader);
    readingListRepository.save(book);
    counterService.increment("books.saved");        ← 增加books.saved的值

    gaugeService.submit(
            "books.last.saved", System.currentTimeMillis());  ← 记录books.last.saved
    return "redirect:/";                                          的值
  }

}
```

修改后的`ReadingListController`使用了自动织入机制,通过控制器的构造方法注入`CounterService`和`GaugeService`,随后把它们保存在实例变量里。此后,`addToReadingList()`方法每次处理请求时都会调用`counterService.increment ("books.saved")`和`gaugeService.submit("books. last.saved")`来调整度量值。

尽管`CounterService`和`GaugeService`用起来很简单,但还是有一些度量值很难通过增加计数器或记录指标值来捕获。对于那些情况,我们可以实现`PublicMetrics`接口,提供自己需要的度量信息。该接口定义了一个`metrics()`方法,返回一个`Metric`对象的集合:

```
package org.springframework.boot.actuate.endpoint;

public interface PublicMetrics {
  Collection<Metric<?>> metrics();
}
```

为了解`PublicMetrics`的使用方法,这里假设我们想报告一些源自Spring应用程序上下文的度量值——应用程序上下文启动的时间、Bean及Bean定义的数量,这些都包含进来会很有意思。顺便再报告一下添加了`@Controller`注解的Bean的数量。代码清单7-10给出了相应`PublicMetrics`实现的代码。

代码清单7-10　发布自定义度量信息

```
package readinglist;
import java.util.ArrayList;
import java.util.Collection;
import java.util.List;
import org.springframework.beans.factory.annotation.Autowired;
import org.springframework.boot.actuate.endpoint.PublicMetrics;
import org.springframework.boot.actuate.metrics.Metric;
import org.springframework.context.ApplicationContext;
import org.springframework.stereotype.Component;
import org.springframework.stereotype.Controller;

@Component
public class ApplicationContextMetrics implements PublicMetrics {

  private ApplicationContext context;
```

```java
@Autowired
public ApplicationContextMetrics(ApplicationContext context) {
  this.context = context;
}

@Override
public Collection<Metric<?>> metrics() {
  List<Metric<?>> metrics = new ArrayList<Metric<?>>();
  metrics.add(new Metric<Long>("spring.context.startup-date",      ← 记录启动时间
      context.getStartupDate()));

  metrics.add(new Metric<Integer>("spring.beans.definitions",      ← 记录Bean定
      context.getBeanDefinitionCount()));                             义数量

  metrics.add(new Metric<Integer>("spring.beans",
      context.getBeanNamesForType(Object.class).length));          ← 记录Bean数量
  metrics.add(new Metric<Integer>("spring.controllers",
      context.getBeanNamesForAnnotation(Controller.class).length));  ← 记录控制器类
                                                                       型的Bean数量
  return metrics;
}
}
```

Actuator会调用`metrics()`方法，收集`ApplicationContextMetrics`提供的度量信息。该方法调用了所注入的`ApplicationContext`上的方法，获取我们想要报告为度量的数量。每个度量值都会创建一个`Metrics`实例，指定度量的名称和值，将其加入要返回的列表。

创建`ApplicationContextMetrics`，并在`ReadingListController`里使用`CounterService`和`GaugeService`之后，我们可以在`/metrics`端点的响应中找到如下条目：

```
{
  ...
  spring.context.startup-date: 1429398980443,
  spring.beans.definitions: 261,
  spring.beans: 272,
  spring.controllers: 2,
  books.count: 1,
  gauge.books.save.time: 1429399793260,
  ...
}
```

当然，这些度量的实际值会根据添加了多少书、何时启动应用程序及何时保存最后一本书而发生变化。在这个例子里，你一定会好奇为什么`spring.controllers`是2。因为这里算上了`ReadingListController`以及Spring Boot提供的`BasicErrorController`。

7.4.4　创建自定义跟踪仓库

默认情况下，`/trace`端点报告的跟踪信息都存储在内存仓库里，100个条目封顶。一旦仓库满了，就开始移除老的条目，给新的条目腾出空间。在开发阶段这没什么问题，但在生产环境中，

大流量会造成跟踪信息还没来得及看就被丢弃。

为了避免这个问题,你可以声明自己的`InMemoryTraceRepository` Bean,将它的容量调整至100以上。如下配置类可以将容量调整至1000个条目:

```
package readinglist;
import org.springframework.boot.actuate.trace.InMemoryTraceRepository;
import org.springframework.context.annotation.Bean;
import org.springframework.context.annotation.Configuration;

@Configuration
public class ActuatorConfig {

  @Bean
  public InMemoryTraceRepository traceRepository() {
    InMemoryTraceRepository traceRepo = new InMemoryTraceRepository();
    traceRepo.setCapacity(1000);
    return traceRepo;
  }

}
```

仓库容量翻了10倍,跟踪信息的保存时间应该会更久。不过,繁忙到一定程度,应用程序还是可能在你查看这些信息前将其丢弃。这是一个内存存储的仓库,还要避免容量增长太多,影响应用程序的内存使用。

除了上述方法,我们还可以将那些跟踪条目存储在其他地方——既不消耗内存,又能长久保存的地方。只需实现Spring Boot的`TraceRepository`接口即可:

```
package org.springframework.boot.actuate.trace;
import java.util.List;
import java.util.Map;

public interface TraceRepository {
  List<Trace> findAll();
  void add(Map<String, Object> traceInfo);
}
```

如你所见,`TraceRepository`只要求我们实现两个方法:一个方法查找所有存储的`Trace`对象,另一个保存了一个`Trace`,包含跟踪信息的`Map`对象。

作为演示,假设我们创建了一个使用MongoDB数据库存储跟踪信息的`TraceRepository`实例。代码清单7-11演示了如何实现这个`TraceRepository`。

代码清单7-11 往MongoDB保存跟踪数据

```
package readinglist;
import java.util.Date;
import java.util.List;
import java.util.Map;
import org.springframework.beans.factory.annotation.Autowired;
import org.springframework.boot.actuate.trace.Trace;
import org.springframework.boot.actuate.trace.TraceRepository;
```

```
import org.springframework.data.mongodb.core.MongoOperations;
import org.springframework.stereotype.Service;

@Service
public class MongoTraceRepository implements TraceRepository {

  private MongoOperations mongoOps;

  @Autowired
  public MongoTraceRepository(MongoOperations mongoOps) {    ← 注入 MongoOperations
    this.mongoOps = mongoOps;
  }

  @Override
  public List<Trace> findAll() {                              ← 获取所有跟踪条目
    return mongoOps.findAll(Trace.class);
  }

  @Override
  public void add(Map<String, Object> traceInfo) {            ← 保存一个跟踪条目
    mongoOps.save(new Trace(new Date(), traceInfo));
  }

}
```

`findAll()`方法很直白，用注入的`MongoOperations`来查找全部`Trace`对象。`add()`方法稍微有趣一点，用当前时间和含有跟踪信息的`Map`创建了一个`Trace`对象，然后通过`MongoOperations.save()`将其保存下来。唯一的问题是，`MongoOperations`是哪里来的？

为了使用`MongoTraceRepository`，我们需要保证Spring应用程序上下文里先有一个`MongoOperations` Bean。得益于Spring Boot的起步依赖和自动配置，做到这一点只需添加MongoDB起步依赖即可。你需要如下Gradle依赖：

```
compile("org.springframework.boot:spring-boot-starter-data-mongodb")
```

如果你用的是Maven，则需要如下依赖：

```
<dependency>
  <groupId>org.springframework.boot</groupId>
  <artifactId>spring-boot-starter-data-mongodb</artifactId>
</dependency>
```

添加了这个起步依赖后，Spring Data MongoDB和所依赖的库会添加到应用程序的Classpath里。Spring Boot会自动配置所需的Bean，以便使用MongoDB数据库。这些Bean里就包括`MongoOperations`。另外，你需要确保和`MongoOperations`通讯的MongoDB服务器正常运行。

7.4.5 插入自定义健康指示器

如前文所述，Actuator自带了很多健康指示器，能满足常见需求，比如报告应用程序使用的数据库和消息代理的健康情况。但如果你的应用程序需要和一些没有健康指示器的系统交互，那

该怎么办呢？

我们的阅读列表里有指向Amazon的图书链接，可以报告一下Amazon是否可以访问。当然，Amazon不太可能宕机，但不怕一万就怕万一，所以让我们为Amazon创建一个健康指示器吧。代码清单7-12演示了相关`HealthIndicator`的实现。

代码清单7-12　自定义一个Amazon健康指示器

```
package readinglist;
import org.springframework.boot.actuate.health.Health;
import org.springframework.boot.actuate.health.HealthIndicator;
import org.springframework.stereotype.Component;
import org.springframework.web.client.RestTemplate;

@Component
public class AmazonHealth implements HealthIndicator {

  @Override
  public Health health() {

    try {
      RestTemplate rest = new RestTemplate();          ← 向Amazon发
      rest.getForObject("http://www.amazon.com", String.class);   送请求
      return Health.up().build();
    } catch (Exception e) {
      return Health.down().build();      ← 报告DOWN状态
    }
  }

}
```

`AmazonHealth`类并没有什么花哨的地方。`health()`方法只是使用Spring的`RestTemplate`向Amazon首页发起了一个`GET`请求。如果请求成功，则返回一个表明Amazon状态为`UP`的`Health`对象。如果请求发生异常，则`health()`返回一个标明Amazon状态为`DOWN`的`Health`对象。

下面是/health端点响应的一个片段。这里可以看出，如果Amazon不可访问，你会看到什么。

```
{
    "amazonHealth": {
        "status": "DOWN"
    },
    ...
}
```

你不会相信我等Amazon宕机等了多久，就为了能看到上面的结果！[①]

除了简单的状态之外，如果你还想向健康记录里添加其他附加信息，可以调用`Health`构造器的`withDetail()`方法。例如，要添加异常消息，将其作为健康记录的`reason`字段，可以让`catch`块返回这样一个`Health`对象：

```
return Health.down().withDetail("reason", e.getMessage()).build();
```

[①] 实际上我并没有等太久。我只是把电脑的网络断开了。没有网就没有Amazon。

修改后，当Amazon无法访问时，健康记录看起来是这样的：

```
"amazonHealth": {
    "reason": "I/O error on GET request for
              \"http://www.amazon.com\":www.amazon.com;
              nested exception is java.net.UnknownHostException:
              www.amazon.com",
    "status": "DOWN"
},
```

如果有很多附加信息，可以多次调用`withDetail()`方法，每次设置一个要放入健康记录的附加字段。

7.5 保护 Actuator 端点

很多Actuator端点发布的信息都可能涉及敏感数据，还有一些端点，（比如/shutdown）非常危险，可以用来关闭应用程序。因此，保护这些端点尤为重要，能访问它们的只能是那些经过授权的客户端。

实际上，Actuator的端点保护可以用和其他URL路径一样的方式——使用Spring Security。在Spring Boot应用程序中，这意味着将Security起步依赖作为构建依赖加入，然后让安全相关的自动配置来保护应用程序，其中当然也包括了Actuator端点。

在第3章，我们看到了默认安全自动配置如何把所有URL路径保护起来，要求HTTP基本身份验证，用户名是user，密码在启动时随机生成并写到日志文件里去。这不是我们所希望的Actuator保护方式。

我们已经添加了一些自定义安全配置，仅限带有READER权限的授权用访问根URL路径(/)。要保护Actuator的端点，我们需要对`SecurityConfig.java`的`configure()`方法做些修改。

举例来说，你想要保护/shutdown端点，仅允许拥有ADMIN权限的用户访问，代码清单7-13就是新的`configure()`方法。

代码清单7-13　保护/shutdown端点

```
@Override
protected void configure(HttpSecurity http) throws Exception {
  http
    .authorizeRequests()
      .antMatchers("/").access("hasRole('READER')")
      .antMatchers("/shutdown").access("hasRole('ADMIN')")   ◀── 要求有ADMIN权限
      .antMatchers("/**").permitAll()
    .and()
    .formLogin()
      .loginPage("/login")
      .failureUrl("/login?error=true");
}
```

现在要访问/shutdown端点，必须用一个带ADMIN权限的用户来做身份验证。

然而，第3章里的自定义`UserDetailsService`只对通过`ReaderRepository`加载的用户赋

予READER权限。因此，你需要创建一个更聪明的`UserDetailsService`实现，对某些用户赋予ADMIN权限。你可以配置一个额外的身份验证实现，比如代码清单7-14里的内存实现。

代码清单7-14　添加一个内存里的admin用户

```
@Override
protected void configure(
            AuthenticationManagerBuilder auth) throws Exception {
  auth
    .userDetailsService(new UserDetailsService() {        ← Reader身份验证
      @Override
      public UserDetails loadUserByUsername(String username)
          throws UsernameNotFoundException {
        UserDetails user = readerRepository.findOne(username);
        if (user != null) {
          return user;
        }
        throw new UsernameNotFoundException(
                    "User '" + username + "' not found.");
      }
    })
    .and()
    .inMemoryAuthentication()
      .withUser("admin").password("s3cr3t")               ← Admin身份验证
                  .roles("ADMIN", "READER");
}
```

新加的内存身份验证中，用户名定义为admin，密码为s3cr3t，同时被授予ADMIN和READER权限。

现在，除了那些拥有ADMIN权限的用户，谁都无法访问/shutdown端点。但Actuator的其他端点呢？假设你只想让ADMIN的用户访问它们（像/shutdown一样），可以在调用`antMatchers()`时列出这些URL。例如，要保护/metrics、/confiprops和/shutdown，可以像这样调用`antMatchers()`：

```
.antMatchers("/shutdown", "/metrics", "/configprops")
              .access("hasRole('ADMIN')")
```

虽然这么做能奏效，但也只适用于少数Actuator端点的保护。如果要保护全部Actuator端点，这种做法就不太方便了。

比起在调用`antMatchers()`方法时显式地列出所有的Actuator端点，用通配符在一个简单的Ant风格表达式里匹配全部的Actuator端点更容易。但是，这么做也小有点挑战，因为不同的端点路径之间没有什么共同点，我们也不能在/**上运用ADMIN权限。这样一来，除了根路径（/）之外，什么要有ADMIN权限。

为此，可以通过`management.context-path`属性设置端点的上下文路径。默认情况下，这个属性是空的，所以Actuator的端点路径都是相对于根路径的。在application.yaml里增加如下内容，可以让这些端点都带上/mgmt前缀。

```
management:
  context-path: /mgmt
```

你也可以在application.properties里做类似的事情：

```
management.context-path=/mgmt
```

将`management.context-path`设置为/mgmt后，所有的Actuator端点都会与/mgmt路径相关。例如，/metrics端点的URL会变为/mgmt/metrics。

有了这个新的路径，我们就有了公共的前缀，在为Actuator端点赋予ADMIN权限限制时就能借助这个公共前缀：

```
.antMatchers("/mgmt/**").access("hasRole('ADMIN')")
```

现在所有以/mgmt开头的请求（包含了所有的Actuator端点），都只让授予了ADMIN权限的认证用户访问。

7.6 小结

想弄清楚运行的应用程序里正在发生什么，这是件很困难的事。Spring Boot的Actuator为你打开了一扇大门，深入Spring Boot应用程序的内部细节。它发布的组件、度量和指标能帮你理解应用程序的运作情况。

在本章，我们先了解了Actuator的Web端点——通过HTTP发布运行时细节信息的REST端点。这些端点的功能包括查看Spring应用程序上下文里所有的Bean、查看自动配置决策、查看Spring MVC映射、查看线程活动、查看应用程序健康信息，还有多种度量、指标和计数器。

除了Web端点，Actuator还提供了另外两种获取它所提供信息的途径。远程shell让你能在shell里安全地连上应用程序，发起指令，获得与Actuator端点相同的数据。与此同时，所有的Actuator端点也都发布成了MBean，可以通过JMX客户端进行监控和管理。

随后我们还了解了如何定制Actuator，包括如何通过端点的ID来修改Actuator端点的路径，如何启用和禁用端点，诸如此类。我们还插入了一些定制的度量信息，创建了定制的跟踪信息仓库，替换了默认的内存跟踪仓库。

最后，我们学习了如何保护Actuator的端点，只让经过授权的用户访问它们。

接下来，在第8章里，我们将看到如何让应用程序从编码阶段过渡到生产阶段，了解Spring Boot如何协助我们在多种不同的平台上进行部署，包括传统的应用容器和云平台。

第 8 章

部署Spring Boot应用程序

本章内容
- 部署WAR文件
- 数据库迁移
- 部署到云端

想一想你喜欢的动作电影。现在假设你要去电影院看这部电影，享受视听震撼。片中有高速追逐、爆炸和激战。好人还没战胜坏人，一切偏偏戛然而止。还没等影片里的冲突解决，电影院的灯亮了，大家都被领出门外。

虽然前面的铺垫很精彩，但电影的高潮才是最重要的。没有了它，就是为了动作而动作了。

现在，想象你正在开发应用程序，为解决某个业务问题投入了很多精力和创造力，但最终没能部署应用程序，没能让别人使用这个程序并乐在其中。当然，我们应用程序大多没有汽车追逐和爆炸（至少我希望是这样的），但一路上我们也会争分夺秒。当然，并非每行代码都为生产环境而写，但什么都不部署也挺让人失望的。

目前为止，我们的焦点都集中在使用Spring Boot的特性帮助大家开发应用程序。我们遇到了不少惊喜。但如果不越过终点线，应用程序没有部署，这一切都是徒劳。

在本章，我们会在使用Spring Boot开发应用程序的基础上更进一步，讨论如何部署那些应用程序。虽然这对部署过基于Java的应用程序的人来说并无特别之处，但Spring Boot和相关的Spring项目中有些独特的功能，基于这些功能我们可以让Spring Boot应用程序的部署变得与众不同。

实际上，大部分Java Web应用程序都以WAR文件的形式部署到应用服务器上。Spring Boot提供的部署方式则有所不同，后者在部署上提供了不少选择。在了解如何部署Spring Boot应用程序之前，让我们看看这些可选方式，找出能满足我们需求的那些选项。

8.1 衡量多种部署方式

Spring Boot应用程序有多种构建和运行方式，其中一些你已经使用过了。
- 在IDE中运行应用程序（涉及Spring ToolSuite或IntelliJ IDEA）。
- 使用Maven的`spring-boot:run`或Gradle的`bootRun`，在命令行里运行。

- 使用Maven或Gradle生成可运行的JAR文件，随后在命令行中运行。
- 使用Spring Boot CLI在命令行中运行Groovy脚本。
- 使用Spring Boot CLI来生成可运行的JAR文件，随后在命令行中运行。

这些选项每一个都适合运行正在开发的应用程序。但是，如果要将应用程序部署到生产环境或其他非开发环境中，又该怎么办呢？

虽然这些选项看起来没有一个能将应用部署于非开发环境，但事实上，它们之中只有一个选项不可用于生产环境——在IDE中运行应用显然不可取。可运行的JAR文件和Spring Boot CLI还是可以考虑的，两者还可以很好地将应用程序部署到云环境里。

也许你很想知道如何把Spring Boot应用程序部署到一个更加传统的应用服务器环境里，比如Tomcat、WebSphere或WebLogic。在这些情境中，可执行JAR文件和Groovy代码不适用。针对应用服务器的部署，你需要将应用程序打包成一个WAR文件。

实际上，Spring Boot应用程序可以用多种方式打包，详见表8-1。

表8-1 Spring Boot部署选项

部署产物	产生方式	目标环境
Groovy源码	手写	Cloud Foundry及容器部署，比如Docker
可执行JAR	Maven、Gradle或Spring Boot CLI	云环境，包括Cloud Foundry和Heroku，还有容器部署，比如Docker
WAR	Maven或Gradle	Java应用服务器或云环境，比如Cloud Foundry

如你所见，在做最终选择时需要考虑目标环境。如果要将应用程序部署到自己数据中心的Tomcat服务器上，WAR文件就是你的选择。另一方面，如果要部署到Cloud Foundry，可以使用表里列出的各种选项。

本章将关注以下选项。

- 向Java应用服务器里部署WAR文件。
- 向Cloud Foundry里部署可执行JAR文件。
- 向Heroku里部署可执行JAR文件（构建过程是由Heroku执行的）。

探索这些场景的时候，我们还要处理一件事。在开发应用程序时我们使用了嵌入式的H2数据库，现在得把它替换成生产环境所需的数据库了。

首先，让我们看看如何将阅读列表应用程序构建为WAR文件。这样才能把它部署到Java应用服务器里，比如Tomcat、WebSphere或WebLogic。

8.2 部署到应用服务器

到目前为止，阅读列表应用程序每次运行，Web应用程序都通过内嵌在应用里的Tomcat提供服务。情况和传统Java Web应用程序正好相反。不是应用程序部署在Tomcat里，而是Tomcat部署在了应用程序里。

归功于Spring Boot的自动配置功能，我们不需要创建web.xml文件或者Servlet初始化类来声明

Spring MVC的`DispatcherServlet`。但如果要将应用程序部署到Java应用服务器里，我们就需要构建WAR文件了。这样应用服务器才能知道如何运行应用程序。那个WAR文件里还需要一个对Servlet进行初始化的东西。

8.2.1 构建 WAR 文件

实际上，构建WAR文件并不困难。如果你使用Gradle来构建应用程序，只需应用WAR插件即可：

```
apply plugin: 'war'
```

随后，在build.gradle里用以下war配置替换原来的jar配置：

```
war {
    baseName = 'readinglist'
    version = '0.0.1-SNAPSHOT'
}
```

两者的唯一区别就是j换成了w。

如果使用Maven构建项目，获取WAR文件会更容易。只需把`<packaging>`元素的值从jar改为war。

```
<packaging>war</packaging>
```

这样就能生成WAR文件了。但如果WAR文件里没有启用Spring MVC `DispatcherServlet`的web.xml文件或者Servlet初始化类，这个WAR文件就一无是处。

此时就该Spring Boot出马了。它提供的`SpringBootServletInitializer`是一个支持Spring Boot的Spring `WebApplicationInitializer`实现。除了配置Spring的`Dispatcher-Servlet`，`SpringBootServletInitializer`还会在Spring应用程序上下文里查找`Filter`、`Servlet`或`ServletContextInitializer`类型的Bean，把它们绑定到Servlet容器里。

要使用`SpringBootServletInitializer`，只需创建一个子类，覆盖`configure()`方法来指定Spring配置类。代码清单8-1是`ReadingListServletInitializer`，也就是我们为阅读列表应用程序写的`SpringBootServletInitializer`的子类。

代码清单8-1 为阅读列表应用程序扩展`SpringBootServletInitializer`

```
package readinglist;
import org.springframework.boot.builder.SpringApplicationBuilder;
import org.springframework.boot.context.web.SpringBootServletInitializer;

public class ReadingListServletInitializer
        extends SpringBootServletInitializer {

    @Override
    protected SpringApplicationBuilder configure(
                                SpringApplicationBuilder builder) {
        return builder.sources(Application.class);    ← 指定Spring配置
    }
```

```
        }
    }
```

如你所见，`configure()`方法传入了一个`SpringApplicationBuilder`参数，并将其作为结果返回。期间它调用`sources()`方法注册了一个Spring配置类。本例只注册了一个`Application`类。回想一下，这个类既是启动类（带有`main()`方法），也是一个Spring配置类。

虽然阅读列表应用程序里还有其他Spring配置类，但没有必要在这里把它们全部注册进来。`Application`类上添加了`@SpringBootApplication`注解。这会隐性开启组件扫描，而组件扫描则会发现并应用其他配置类。

现在我们可以构建应用程序了。如果使用Gradle，你只需调用`build`任务即可：

```
$ gradle build
```

没问题的话，你可以在build/libs里看到一个名为readinglist-0.0.1-SNAPSHOT.war的文件。

对于基于Maven的项目，可以使用`package`：

```
$ mvn package
```

成功构建之后，你可以在target目录里找到WAR文件。

剩下的工作就是部署应用程序了。应用服务器不同，部署过程会有所区别，因此请参考应用服务器的部署说明文档。

对于Tomcat而言，可以把WAR文件复制到Tomcat的webapps目录里。如果Tomcat正在运行（要是没有运行，则在下次启动时检测），则会检测到WAR文件，解压并进行安装。

假设你没有在部署前重命名WAR文件， Servlet上下文路径会与WAR文件的主文件名相同，在本例中是/readinglist-0.0.1-SNAPSHOT。用你的浏览器打开http://server:port/readinglist-0.0.1-SNAPSHOT就能访问应用程序了。

还有一点值得注意：就算我们在构建的是WAR文件，这个文件仍旧可以脱离应用服务器直接运行。如果你没有删除`Application`里的`main()`方法，构建过程生成的WAR文件仍可直接运行，一如可执行的JAR文件：

```
$ java -jar readinglist-0.0.1-SNAPSHOT.war
```

这样一来，同一个部署产物就能有两种部署方式了！

现在，应用程序应该已经在Tomcat里顺利地运行起来了。但是它还在使用内嵌的H2数据库。开发应用程序时，嵌入式数据库很好用，但对生产环境而言这不是一个明智的选择。让我们来看看如何在部署到生产环境时选择不同的数据源。

8.2.2 创建生产 Profile

多亏了自动配置，我们有了一个指向嵌入式H2数据库的`DataSource` Bean。更确切地说，`DataSource` Bean是一个数据库连接池，通常是`org.apache.tomcat.jdbc.pool.DataSource`。

因此，很明显，要使用嵌入式H2之外的数据库，我们只需声明自己的`DataSource` Bean，指向我们选择的生产数据库，用它覆盖自动配置的`DataSource` Bean。

例如，假设我们想使用运行localhost上的PostgreSQL数据库，数据库名字是readingList。下面的`@Bean`方法就能声明我们的`DataSource` Bean：

```
@Bean
@Profile("production")
public DataSource dataSource() {
  DataSource ds = new DataSource();
  ds.setDriverClassName("org.postgresql.Driver");
  ds.setUrl("jdbc:postgresql://localhost:5432/readinglist");
  ds.setUsername("habuma");
  ds.setPassword("password");
  return ds;
}
```

这里`DataSource`的类型是Tomcat的`org.apache.tomcat.jdbc.pool.DataSource`，不要和`javax.sql.DataSource`搞混了。前者是后者的实现。连接数据库所需的细节（包括JDBC驱动类名、数据库URL、用户名和密码）提供给了`DataSourse`实例。声明了这个Bean之后，默认自动配置的`DataSource` Bean就会忽略。

这个`@Bean`方法最关键的一点是，它还添加了`@Profile`注解，说明只有在production Profile被激活时才会创建该Bean。所以，在开发时我们还能继续使用嵌入式的H2数据库。激活production Profile后就能使用PostgreSQL数据库了。

虽然这么做能达到目的，但是配置数据库细节的时候，最好还是不要显式地声明自己的`DataSource` Bean。在不替换自动配置的`Datasource` Bean的情况下，我们还能通过application.yml或application.properties来配置数据库的细节。表8-2列出了在配置`DataSource` Bean时用到的全部属性。

表8-2 `DataSource`配置属性

属性（带有spring.datasource.前缀）	描述
name	数据源的名称
initialize	是否执行data.sql（默认：`true`）
schema	Schema（DDL）脚本资源的名称
data	数据（DML）脚本资源的名称
sql-script-encoding	读入SQL脚本的字符集
platform	读入Schema资源时所使用的平台（例如：schema-{platform}.sql）
continue-on-error	如果初始化失败是否还要继续（默认：`false`）
separator	SQL脚本的分隔符（默认：;）
driver-class-name	JDBC驱动的全限定类名（通常能通过URL自动推断出来）
url	数据库URL
username	数据库的用户名
password	数据库的密码

(续)

属性（带有spring.datasource.前缀）	描述
jndi-name	通过JNDI查找数据源的JNDI名称
max-active	最大的活跃连接数（默认：100）
max-idle	最大的闲置连接数（默认：8）
min-idle	最小的闲置连接数（默认：8）
initial-size	连接池的初始大小（默认：10）
validation-query	用来验证连接的查询语句
test-on-borrow	从连接池借用连接时是否检查连接（默认：false）
test-on-return	向连接池归还连接时是否检查连接（默认：false）
test-while-idle	连接空闲时是否测试连接（默认：false）
time-between-eviction-runs-millis	多久（单位为毫秒）清理一次连接（默认：5000）
min-evictable-idle-time-millis	在被测试是否要清理前，连接最少可以空闲多久（单位为毫秒，默认：60000）
max-wait	当没有可用连接时，连接池在返回失败前最多等多久（单位为毫秒，默认：30000）
jmx-enabled	数据源是否可以通过JMX进行管理（默认：false）

  表8-2里的大部分属性都是用来微调连接池的。怎么设置这些属性以适应你的需要，这就交给你来解决了。我们现在要设置属性，让`DataSource` Bean指向PostgreSQL而非内嵌的H2数据库。具体来说，我们要设置的是`spring.datasource.url`、`spring.datasource.username`以及`spring.datasource.password`属性。

  在设置这些内容时，我在本地运行了一个PostgreSQL数据库，监听5432端口。用户名和密码分别是habuma和password。因此，application.yml的`production` Profile里需要如下内容：

```
---
spring:
  profiles: production
  datasource:
    url: jdbc:postgresql://localhost:5432/readinglist
    username: habuma
    password: password
  jpa:
    database-platform: org.hibernate.dialect.PostgreSQLDialect
```

  请注意，这个代码片段以`---`开头，设置的第一个属性是`spring.profiles`。这说明随后的属性都只在`production`Profile激活时才会生效。

  随后设置的是`spring.datasource.url`、`spring.datasource.username`和`spring.datasource.password`属性。注意，`spring.datasource.driver-class-name`属性一般无需设置。Spring Boot可以根据`spring.datasource.url`属性的值做出相应推断。我还设置了一些JPA的属性。`spring.jpa.database-platform`属性将底层JPA引擎设置为Hibernate的PostgreSQL方言。

要开启这个Profile，我们需要把`spring.profiles.active`属性设置为`production`。实现方式有很多，但最方便的还是在运行应用服务器的机器上设置一个系统环境变量。在启动Tomcat前开启`production`Profile，我需要像这样设置`SPRING_PROFILES_ACTIVE`环境变量：

```
$ export SPRING_PROFILES_ACTIVE=production
```

你也许已经注意到了，`SPRING_PROFILES_ACTIVE`不同于`spring.profiles.active`。因为无法在环境变量名里使用句点，所以变量名需要稍作修改。站在Spring的角度看，这两个名字是等价的。

我们基本已经可以在应用服务器上部署并运行应用程序了。实际上，如果你喜欢冒险，也可以直接尝试一下。不过你会遇到一点小问题。

默认情况下，在使用内嵌的H2数据库时，Spring Boot会配置Hibernate来自动创建Schema。更确切地说，这是将Hibernate的`hibernate.hbm2ddl.auto`设置为`create-drop`，说明在Hibernate的`SessionFactory`创建时会创建Schema，`SessionFactory`关闭时删除Schema。

但如果没使用内嵌的H2数据库，那么它什么都不会做。也就是，说应用程序的数据表尚不存在，在查询那些不存在的表时会报错。

8.2.3 开启数据库迁移

一种途径是通过Spring Boot的`spring.jpa.hibernate.ddl-auto`属性将`hibernate.hbm2ddl.auto`属性设置为`create`、`create-drop`或`update`。例如，要把`hibernate.hbm2ddl.auto`设置为`create-drop`，我们可以在application.yml里加入如下内容：

```
spring:
  jpa:
    hibernate:
      ddl-auto: create-drop
```

然而，这对生产环境来说并不理想，因为应用程序每次重启数据库，Schema就会被清空，从头开始重建。它可以设置为`update`，但就算这样，我们也不建议将其用于生产环境。

还有一个途径。我们可以在schema.sql里定义Schema。在第一次运行时，这么做没有问题，但随后每次启动应用程序时，这个初始化脚本都会失败，因为数据表已经存在了。这就要求在书写初始化脚本时格外注意，不要重复执行那些已经做过的工作。

一个比较好的选择是使用数据库迁移库（database migration library）。它使用一系列数据库脚本，而且会记录哪些已经用过了，不会多次运用同一个脚本。应用程序的每个部署包里都包含了这些脚本，数据库可以和应用程序保持一致。

Spring Boot为两款流行的数据库迁移库提供了自动配置支持。

❑ Flyway（http://flywaydb.org）
❑ Liquibase（http://www.liquibase.org）

当你想要在Spring Boot里使用其中某一个库时，只需在项目里加入对应的依赖，然后编写脚本就可以了。让我们先从Flyway开始了解吧。

1. 用Flyway定义数据库迁移过程

Flyway是一个非常简单的开源数据库迁移库，使用SQL来定义迁移脚本。它的理念是，每个脚本都有一个版本号，Flyway会顺序执行这些脚本，让数据库达到期望的状态。它也会记录已执行的脚本状态，不会重复执行。

在阅读列表应用程序这里，我们先从一个没有数据表和数据的空数据库开始。因此，这个脚本里需要先创建Reader和Book表，包含外键约束和初始化数据。代码清单8-2就是从空数据库到可用状态的Flyway脚本。

代码清单8-2　Flyway数据库初始脚本

```
create table Reader (                ← 创建Reader表
  id serial primary key,
  username varchar(25) unique not null,
  password varchar(25) not null,
  fullname varchar(50) not null
);

create table Book (                  ← 创建Book表
  id serial primary key,
  author varchar(50) not null,
  description varchar(1000) not null,
  isbn varchar(10) not null,
  title varchar(250) not null,
  reader_username varchar(25) not null,
  foreign key (reader_username) references Reader(username)
);

create sequence hibernate_sequence;  ← 定义序列

insert into Reader (username, password, fullname)   ← Reader的初始
            values ('craig', 'password', 'Craig Walls');    数据
```

如你所见，Flyway脚本就是SQL。让其发挥作用的是其在Classpath里的位置和文件名。Flyway脚本都遵循一个命名规范，含有版本号，具体如图8-1所示。

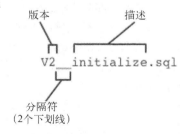

图8-1　用版本号命名的Flyway脚本

所有Flyway脚本的名字都以大写字母V开头，随后是脚本的版本号。后面跟着两个下划线和

对脚本的描述。因为这是整个迁移过程中的第一个脚本，所以它的版本是1。描述可以很灵活，主要用来帮助理解脚本的用途。稍后我们需要向数据库添加新表，或者向已有数据表添加新字段。可以再创建一个脚本，标明版本号为2。

Flyway脚本需要放在相对于应用程序Classpath根路径的/db/migration路径下。因此，项目中，脚本需要放在src/main/resources/db/migration里。

你还需要将spring.jpa.hibernate.ddl-auto设置为none，由此告知Hibernate不要创建数据表。这关系到application.yml中的如下内容：

```
spring:
  jpa:
    hibernate:
      ddl-auto: none
```

剩下的就是将Flyway添加为项目依赖。在Gradle里，此依赖是这样的：

```
compile("org.flywaydb:flyway-core")
```

在Maven项目里，`<dependency>`是这样的：

```
<dependency>
  <groupId>org.flywayfb</groupId>
  <artifactId>flyway-core</artifactId>
</dependency>
```

在应用程序部署并运行起来后，Spring Boot会检测到Classpath里的Flyway，自动配置所需的Bean。Flyway会依次查看/db/migration里的脚本，如果没有执行过就运行这些脚本。每个脚本都执行过后，向schema_version表里写一条记录。应用程序下次启动时，Flyway会先看schema_version里的记录，跳过那些脚本。

2. 用Liquibase定义数据库迁移过程

Flyway用起来很简便，在Spring Boot自动配置的帮助下尤其如此。但是，使用SQL来定义迁移脚本是一把双刃剑。SQL用起来便捷顺手，却要冒着只能在一个数据库平台上使用的风险。

Liquibase并不局限于特定平台的SQL，可以用多种格式书写迁移脚本，不用关心底层平台（其中包括XML、YAML和JSON）。如果你有这个期望的话，Liquibase当然也支持SQL脚本。

要在Spring Boot里使用Liquibase，第一步是添加依赖。Gradle里的依赖是这样的：

```
compile("org.liquibase:liquibase-core")
```

对于Maven项目，你需要添加如下`<dependency>`：

```
<dependency>
  <groupId>org.liquibase</groupId>
  <artifactId>liquibase-core</artifactId>
</dependency>
```

有了这个依赖，Spring Boot自动配置就能接手，配置好用于支持Liquibase的Bean。默认情况下，那些Bean会在/db/changelog（相对于Classpath根目录）里查找db.changelog-master.yaml文件。

这个文件里都是迁移脚本。代码清单8-3的初始化脚本为阅读列表应用程序进行了数据库初始化。

代码清单8-3　用于阅读列表数据库的Liquibase初始化脚本

```yaml
databaseChangeLog:
  - changeSet:
      id: 1                         ← 变更集ID
      author: habuma
      changes:
        - createTable:
            tableName: reader       ← 创建reader表
            columns:
              - column:
                  name: username
                  type: varchar(25)
                  constraints:
                    unique: true
                    nullable: false
              - column:
                  name: password
                  type: varchar(25)
                  constraints:
                    nullable: false
              - column:
                  name: fullname
                  type: varchar(50)
                  constraints:
                    nullable: false
        - createTable:
            tableName: book         ← 创建book表
            columns:
              - column:
                  name: id
                  type: bigserial
                  autoIncrement: true
                  constraints:
                    primaryKey: true
                    nullable: false
              - column:
                  name: author
                  type: varchar(50)
                  constraints:
                    nullable: false
              - column:
                  name: description
                  type: varchar(1000)
                  constraints:
                    nullable: false
              - column:
                  name: isbn
                  type: varchar(10)
                  constraints:
                    nullable: false
              - column:
```

```yaml
          name: title
          type: varchar(250)
          constraints:
            nullable: false
      - column:
          name: reader_username
          type: varchar(25)
          constraints:
            nullable: false
            references: reader(username)
            foreignKeyName: fk_reader_username
  - createSequence:              ← 定义序列
      sequenceName: hibernate_sequence
  - insert:                       ← 插入reader的初
      tableName: reader              始记录
      columns:
        - column:
            name: username
            value: craig
        - column:
            name: password
            value: password
        - column:
            name: fullname
            value: Craig Walls
```

如你所见，比起等效的Flyway SQL脚本，YAML格式略显繁琐，但看起来还是很清晰的，而且这个脚本不与任何特定的数据库平台绑定。

与Flyway不同，Flyway有多个脚本，每个脚本对应一个变更集。Liquibase变更集都集中在一个文件里。请注意，changeset命令后的那行有一个id属性，要对数据库进行后续变更。可以添加一个新的changeset，只要id不一样就行。此外，id属性也不一定是数字，可以包含任意内容。

应用程序启动时，Liquibase会读取db.changelog-master.yaml里的变更集指令集，与之前写入databaseChangeLog表里的内容做对比，随后执行未运行过的变更集。

虽然这里的例子使用的是YAML格式，但你也可以任意选择Liquibase所支持的其他格式，比如XML或JSON。只需简单地设置liquibase.change-log属性（在application.properties或application.yml里），标明希望Liquibase加载的文件即可。举个例子，要使用XML变更集，可以这样设置liquibase.change-log：

```
liquibase:
  change-log: classpath:/db/changelog/db.changelog-master.xml
```

Spring Boot的自动配置让Liquibase和Flyway的使用变得轻而易举。但实际上所有数据库迁移库都有更多功能，这里不便一一列举。建议大家参考官方文档，了解更多详细内容。

我们已经了解了如何将Spring Boot应用程序部署到传统的Java应用服务器上，基本就是创建一个SpringBootServletInitializer的子类，调整构建说明来生成一个WAR文件，而非JAR文件。接下来我们会看到，Spring Boot应用程序在云端使用更方便。

8.3 推上云端

服务器硬件的购买和维护成本很高。大流量很难通过适当扩展服务器去处理，这种做法在某些组织中甚至是禁忌。现如今，相比在自己的数据中心运行应用程序，把它们部署到云上是更引人注目，而且划算的做法。

目前有多个云平台可供选择，而那些提供Platform as a Service（PaaS）能力的平台无疑是最有吸引力的。PaaS提供了现成的应用程序部署平台，带有附加服务（比如数据库和消息代理），可以绑定到应用程序上。除此之外，当你的应用程序要求提供更大的马力时，云平台能轻松实现应用程序在运行时向上（或向下）伸缩，只需添加或删除实例即可。

之前我们已经把阅读列表应用程序部署到了传统的应用服务器上，现在再试试将其部署到云上。我们将把应用程序部署到Cloud Foundry和Heroku这两个著名的PaaS平台上。

8.3.1 部署到 Cloud Foundry

Cloud Foundry是Pivotal的PaaS平台。这家公司也赞助了Spring Framework和Spring平台里的其他库。Cloud Foundry里最吸引人的特点之一就是它既有开源版本，也有多个商业版本。你可以选择在何处运行Cloud Foundry。它甚至还可以在公司数据中心的防火墙后运行，提供私有云。

我打算将阅读列表应用程序部署到Pivotal Web Services（PWS）上。这是一个由Pivotal托管的公共Cloud Foundry，地址是http://run.pivotal.io。如果想使用PWS，你可以注册一个账号。PWS提供为期60天的免费试用，在试用期间无需提交任何信用卡信息。

在注册了PWS后，可以从https://console.run.pivotal.io/tools下载并安装cf命令行工具。你可以通过这个工具将应用程序推上Cloud Foundry。但你要先用这个工具登录自己的PWS账号。

```
$ cf login -a https://api.run.pivotal.io
API endpoint: https://api.run.pivotal.io

Email> {your email}

Password> {your password}
Authenticating...
OK
```

现在我们已经可以把阅读列表应用程序传到云上了。实际上，我们的项目已经做好了部署到Cloud Foundry的准备，只需使用cf push命令把它推上去就好。

```
$ cf push sbia-readinglist -p build/libs/readinglist.war
```

cf push命令的第一个参数指定了应用程序在Cloud Foundry里的名称。这个名称将被用作托管应用程序的子域名。本例中，应用程序的完整域名将是http://sbia-readinglist.cfapps.io。因此，应用程序的命名很重要。名字必须独一无二，这样才不会和Cloud Foundry里部署的其他应用程序（包括其他用户部署的应用程序）发生冲突。

因为空想一个独一无二的名称有点困难，所以cf push命令提供了一个--random-route

选项，可以为你随机产生一个子域名。下面的例子演示了如何上传阅读列表应用程序，生成一个随机的子域名。

```
$ cf push sbia-readinglist -p build/libs/readinglist.war --random-route
```

在使用了--random-route后，还是要设定应用程序名称。会有两个随机选择的单词添加到后面，组成子域名。（在我自己尝试的时候，生成的子域名是sbia-readinglist-gastroenterological-stethoscope。）

不仅仅是WAR文件 虽然我们部署的应用程序是一个WAR文件，但Cloud Foundry也可以部署其他格式的Spring Boot应用程序，包括可执行的JAR文件，甚至Spring Boot CLI开发的未经编译的Groovy脚本。

如果一切顺利，我们部署的应用程序应该可以处理请求了。假设子域名是sbia-readinglist，你可以用浏览器访问http://sbia-readinglist.cfapps.io，看看效果。你应该会被引导到登录页。回想一下，数据库迁移脚本中插入了一个名为craig的用户，密码是password，可以以此登录应用程序。

你可以在应用程序里随便点点，加几本书。所有的东西都可以运行，但还是有点不对劲。如果重启应用程序（通过`cf restart`命令），重新登录，你会发现阅读列表清空了。你在重启前添加的书都不见了。

应用程序重启后数据消失，原因在于我们还在使用内嵌的H2数据库。我们可以通过Actuator的/health端点验证推测。它返回的信息大约是这样的：

```
{
  "status": "UP",
  "diskSpace": {
    "status": "UP",
    "free": 834236510208,
    "threshold": 10485760
  },
  "db": {
    "status": "UP",
    "database": "H2",
    "hello": 1
  }
}
```

请注意db.database属性的值。它证实了我们之前的怀疑——果然用的是内嵌的H2数据库。我们需要修复这个问题。

实际上，Cloud Foundry以市集服务（marketplace services）的形式提供了一些数据库以供选择，包括MySQL和PostgreSQL。因为我们已经在项目里放了PostgreSQL的JDBC驱动，所以就使用市集里的PostgreSQL服务，名字是elephantsql。

elephantsql服务也有不少计划可选，小到开发用的小型数据库，大到工业级生产数据库。elephantsql的完整计划列表可以通过`cf marketplace`命令获得。

```
$ cf marketplace -s elephantsql
Getting service plan information for service elephantsql as craig@habuma.com...
```

```
OK

service plan            description                  free or paid
turtle                  Tiny Turtle                  free
panda                   Pretty Panda                 paid
hippo                   Happy Hippo                  paid
elephant                Enormous Elephant            paid
```

如你所见，比较严谨的生产级数据库计划都是要付费的。你可以选择你所期望的计划。我先假设你会选择免费的turtle。

创建数据库服务的实例，需要使用`cf create-service`命令，指定服务名、计划名和实例名。

```
$ cf create-service elephantsql turtle readinglistdb
Creating service readinglistdb in org habuma /
    space development as craig@habuma.com...
OK
```

服务创建后，需要通过`cf bind-service`命令将它绑定到我们的应用程序上。

```
$ cf bind-service sbia-readinglist readinglistdb
```

将一个服务绑定到应用程序上不过就是为应用程序提供了连接服务的细节，这里用的是名为`VCAP_SERVICES`的环境变量。它不会通过修改应用程序来使用服务。

我们可以改写阅读列表应用程序，读取`VCAP_SERVICES`，使用其中提供的信息来连接数据库服务。但其实完全不用这么做。实际上，我们只需用`cf restage`命令重启应用程序就可以了：

```
$ cf restage sbia-readinglist
```

`cf restage`命令会让Cloud Foundry重新部署应用程序，并重新计算`VCAP_SERVICES`的值。如此一来，我们的应用程序会在Spring应用程序上下文里声明一个引用了绑定数据库服务的`DataSource` Bean，用它来替换原来的`DataSource` Bean。这样我们就能抛开内嵌的H2数据库，使用elephantsql提供的PostgreSQL服务了。

现在来试一下。登录应用程序，添加几本书，然后重启。重启之后你所添加的书应该还在列表里，因为它们已经被持久化在绑定的数据库服务里，而非内嵌的H2数据库里。再访问一下Actuator的/health端点，返回的内容能证明我们在使用PostgreSQL：

```
{
  "status": "UP",
  "diskSpace": {
    "status": "UP",
    "free": 834331525120,
    "threshold": 10485760
  },
  "db": {
    "status": "UP",
    "database": "PostgreSQL",
    "hello": 1
  }
}
```

Cloud Foundry对Spring Boot应用程序部署而言是极佳的PaaS，Cloud Foundry与Spring项目搭配可谓如虎添翼。但Cloud Foundry并非Spring Boot应用程序在PaaS方面的唯一选择。让我们来看看如何将阅读列表应用程序部署到另一个流行的Paas平台：Heroku。

8.3.2 部署到 Heroku

Heroku在应用程序部署上有一套独特的方法，不用部署完整的部署产物。Heroku为你的应用程序安排了一个Git仓库。每当你向仓库里提交代码时，它都会自动为你构建并部署应用程序。

如果还是解决不了问题，则需要先将项目目录初始化为Git仓库。

```
$ git init
```

这样Heroku的命令行工具就能自动把远程Heroku Git仓库添加到项目里。

现在可以通过Heroku的命令行工具在Heroku中设置应用程序了。这里使用`apps:create`命令。

```
$ heroku apps:create sbia-readinglist
```

这里我要求Heroku将应用程序命名为sbia-readinglist。这将成为Git仓库的名字，同时也是应用程序在herokuapps.com的子域名。你需要确定这个名字唯一，因为不能有同名应用程序。此外，也可以让Heroku替你生成一个独特的名字（比如fierce-river-8120或serene-anchorage-6223）。

`apps:create`命令会在https://git.heroku.com/sbia-readinglist.git创建一个远程Git仓库，并在本地项目的Git配置里添加一个名为heroku的远程仓库引用。这样就能通过`git`命令将项目推送到Heroku了。

Heroku里的项目已经设置完毕，但我们现在还不能进行推送。Heroku需要你提供一个名为Procfile的文件，告诉Heroku应用程序构建后该如何运行。对于阅读列表应用程序而言，我们需要告诉Heroku，构建生成的WAR文件要当作可执行JAR文件来运行，这里使用`java`命令。①假设应用程序是用Gradle来构建的，只需要如下一行内容的Procfile：

```
web: java -Dserver.port=$PORT -jar build/libs/readinglist.war
```

另一方面，如果你使用Maven来构建项目，JAR文件的路径就会有所不同。Heroku需要到target目录，而不是build/libs目录里寻找可执行WAR文件。具体如下：

```
web: java -Dserver.port=$PORT -jar target/readinglist.war
```

不管何种情况，你都需要像例子中那样设置`server.port`属性。这样内嵌的Tomcat服务器才能在Heroku分配的端口上（通过$PORT变量指定）启动。

我们差不多可以把应用程序推上Heroku了，但Gradle构建说明还要稍作调整。Heroku构建应用程序时，会执行一个名为`stage`的任务，因此需要在build.gradle里添加这个`stage`任务。

```
task stage(dependsOn: ['build']) {
}
```

---

① 当前使用的项目会实际生成一个可执行的WAR文件。但对Heroku来说，它和可执行的JAR文件没什么区别。

如你所见，这个stage任务什么也没做，但依赖了build任务。于是，在Heroku使用stage任务构建应用程序会触发build任务，生成的JAR文件会放在build/libs目录里。

你还需要告诉Heroku用什么Java版本来构建并运行应用程序。这样Heroku才能用合适的版本来运行它。最简单的方法是在项目根目录里创一个名为system.properties的文件，在其中设置java.runtime.version属性：

```
java.runtime.version=1.7
```

现在就可以将项目推上Heroku了。和前面说一样，只需将代码推到远程Git仓库，Heroku会帮我们搞定其他事情。

```
$ git commit -am "Initial commit"
$ git push heroku master
```

然后，Heroku会根据找到的构建说明文件，使用Maven或Gradle进行构建，再用Procfile里的指令来运行应用程序。就绪后，你可以用浏览器打开http://{app name}.herokuapp.com，这里的{app name}就是你在apps:create里给应用程序起的名字。例如，我在部署时将应用程序命名为sbia-readinglist，所以它的URL就是http://sbia-readinglist.herokuapps.com。

你可以在应用程序里随便点点，但要访问一下/health端点。db.database属性会告诉你应用程序正在使用内嵌的H2数据库。我们应该把它换成PostgreSQL服务。

我们可以通过Heroku命令行工具的addons:add命令创建并绑定一个PostgreSQL服务。

```
$ heroku addons:add heroku-postgresql:hobby-dev
```

这里我们要使用名为heroku-postgresql的附加服务。这是Heroku提供的PostgreSQL服务。我们还要求使用该服务的hobby-dev计划，这是免费的。

在PostgreSQL服务创建并绑定到应用程序后，Heroku会自动重启应用程序以保证绑定生效。但即便如此，我们在访问/health端点时仍然会看到应用程序还在使用内嵌的H2数据库。那是因为H2的自动配置仍然有效，谁也没告诉Spring Boot要用PostgreSQL代替H2。

一个办法是设置spring.datasource.*属性，做法和我们将应用程序部署到应用服务器上时一样。我们所需要的信息能在数据库服务的仪表板上找到，可以用addons:open命令打开仪表板。

```
$ heroku addons:open waking-carefully-3728
```

在这个例子里，数据库实例的名字是waking-carefully-3728。该命令会在Web浏览器里打开仪表板页面，其中包含了你所需要的全部连接信息，包括主机名、数据库名和账户信息。总之，设置spring.datasource.*属性所需的一切信息都在这里了。

还有一个更简单的办法，与其自己查找那些信息，再设置到属性里，为什么不让Spring替我们查找信息呢？实际上，这就是Spring Cloud Connectors的用途。它可以用在Cloud Foundry和Heroku上，查找绑定到应用程序上的所有服务，并自动配置应用程序，以便使用那些服务。

我们只需在项目中加入Spring Cloud Connectors依赖即可。在Gradle项目里，在build.gradle中

添加如下内容：

```
compile(
    "org.springframework.boot:spring-boot-starter-cloud-connectors")
```

如果你用的是Maven，则添加如下Spring Cloud Connectors`<dependency>`：

```
<dependency>
  <groupId>org.springframework.boot</groupId>
  <artifactId>spring-boot-starter-cloud-connectors</artifactId>
</dependency>
```

只有激活`cloud` Profile，Spring Cloud Connectors才会工作。要在Heroku里激活`cloud` Profile，可以使用`config:set`命令：

```
$ heroku config:set SPRING_PROFILES_ACTIVE="cloud"
```

现在项目里有了Spring Cloud Connectors依赖，`cloud` Profile也激活了。我们可以再推一次应用程序。

```
$ git commit -am "Add cloud connector"
$ git push heroku master
```

应用程序启动后，登入应用程序，查看/health端点。它应该显示应用程序已经连接到了PostgreSQL数据库：

```
"db": {
  "status": "UP",
  "database": "PostgreSQL",
  "hello": 1
}
```

现在我们的应用程序已经部署到云上，可以接受世界各地的请求了！

8.4 小结

Spring Boot应用程序的部署方式有好几种，包括使用传统的应用服务器和云上的PaaS平台。在本章，我们了解了其中的一些部署方式，把阅读列表应用程序以WAR文件的方式部署到Tomcat和云上（Cloud Foundry和Heroku）。

Spring Boot应用程序的构建说明经常会配置为生成可执行的JAR文件。我们也看到了如何对构建进行微调，如何编写一个`SpringBootServletInitializer`实现，生成WAR文件，以便部署到应用服务器上。

随后，我们进一步了解了如何将应用程序部署到Cloud Foundry上。Cloud Foundry非常灵活，能够接受各种形式的Spring Boot应用程序，包括可执行JAR文件、传统WAR文件，甚至还包括原始的Spring Boot CLI Groovy脚本。我们还了解了Cloud Foundry如何自动将内嵌式数据源替换为绑定到应用程序上的数据库服务。

虽然Heroku不能像Cloud Foundry那样自动替换数据源的Bean，但在本章最后，我们还是看到了如何通过添加Spring Cloud Foundry库来实现一样的效果。这里使用绑定的数据库服务，而非内嵌式数据库。

在本章，我们还了解了如何在Spring Boot里使用Flyway和Liquibase这样的数据库迁移工具。在初次部署应用程序时，我们通过数据库迁移的方式完成了数据库的初始化，在后续的部署过程中，我们可以按需修改数据库。

附录 A Spring Boot开发者工具

Spring Boot 1.3引入了一组新的开发者工具，可以让你在开发时更方便地使用Spring Boot，包括如下功能。
- 自动重启：当Classpath里的文件发生变化时，自动重启运行中的应用程序。
- LiveReload支持：对资源的修改自动触发浏览器刷新。
- 远程开发：远程部署时支持自动重启和LiveReload。
- 默认的开发时属性值：为一些属性提供有意义的默认开发时属性值。

Spring Boot的开发者工具采取了库的形式，可以作为依赖加入项目。如果你使用Gradle来构建项目，可以像下面这样在build.gradle文件里添加开发工具：

```
compile "org.springframework.boot:spring-boot-devtools"
```

在Maven POM里添加<dependency>是这样的：

```
<dependency>
  <groupId>org.springframework.boot</groupId>
  <artifactId>spring-boot-devtools</artifactId>
</dependency>
```

当应用程序以完整打包好的JAR或WAR文件形式运行时，开发者工具会被禁用，所以没有必要在构建生产部署包前移除这个依赖。

A.1 自动重启

在激活了开发者工具后，Classpath里对文件做任何修改都会触发应用程序重启。为了让重启速度够快，不会修改的类（比如第三方JAR文件里的类）都加载到了基础类加载器里，而应用程序的代码则会加载到一个单独的重启类加载器里。检测到变更时，只有重启类加载器重启。

有些Classpath里的资源变更后不需要重启应用程序。像Thymeleaf这样的视图模板可以直接编辑，不用重启应用程序。在/static或/public里的静态资源也不用重启应用程序，所以Spring Boot开发者工具会在重启时排除掉如下目录：/META-INF/resources、/resources、/static、/public和/templates。

可以设置spring.devtools.restart.exclude属性来覆盖默认的重启排除目录。例如，你只排除/static和/templates目录，可以像这样设置`spring.devtools.restart.exclude`：

```
spring:
  devtools:
    restart:
      exclude: /static/**,/templates/**
```

另一方面，如果想彻底关闭自动重启，可以将`spring.devtools.restart.enabled`设置为`false`：

```
spring:
  devtools:
    restart:
      enabled: false
```

另外，还可以设置一个触发文件，必须修改这个文件才能触发重启。例如，在修改名为.trigger的文件前你都不希望执行重启，那么你只需像这样设置`spring.devtools.restart.trigger-file`属性：

```
spring:
  devtools:
    restart:
      trigger-file: .trigger
```

如果你的IDE会连续编译修改的文件，那触发文件还是很有用的。没有触发文件的话，每次变更都会触发重启。有触发文件，就能保证只有你想重启时才会发生重启（修改触发文件即可）。

A.2 `LiveReload`

在Web应用程序开发过程中，最常见的步骤大致如下。
(1) 修改要呈现的内容（比如图片、样式表、模板）。
(2) 点击浏览器里的刷新按钮，查看修改的结果。
(3) 回到第1步。

虽然这并不难，但如果能不点刷新就直接看到修改结果，那岂不是更好？

Spring Boot的开发者工具集成了LiveReload（http://livereload.com），可以消除刷新的步骤。激活开发者工具后，Spring Boot会启动一个内嵌的LiveReload服务器，在资源文件变化时会触发浏览器刷新。你要做的就是在浏览器里安装LiveReload插件。

如果想要禁用内嵌的LiveReload服务器，可以将`spring.devtools.livereload.enabled`设置为`false`：

```
spring:
  devtools:
    livereload:
      enabled: false
```

A.3 远程开发

在远程运行应用程序时（比如部署到服务器上或云上），开发者工具的自动重启和LiveReload特性都是可选的。此外，Spring Boot开发者工具还能远程调试Spring Boot应用程序。

在传统的开发过程中，你不会打开远程开发功能，因为这会影响性能。但在一些特殊的场景中，此类工具就很有用。比如，出于开发目的，所开发的应用程序部署在非生产环境里。如果应用程序不是在本地开发环境里，而是在云端部署，则尤其如此。

你必须设置一个远程安全码来开启远程开发功能：

```
spring:
  devtools:
    remote:
      secret: myappsecret
```

有了这个属性后，运行中的应用程序就会启动一个服务器组件以支持远程开发。它会监听接受变更的请求，可以重启应用程序或者触发浏览器刷新。

为了使用这个远程服务器，你需要在本地运行远程开发工具的客户端。这个远程客户端是一个类，全限定类名是`org.springframework.boot.devtools.RemoteSpringApplication`。它会运行在IDE里，要求提供一个参数，告知远程应用程序部署在哪里。

例如，假设你正远程运行阅读列表应用程序，部署在Cloud Foundry上，地址是https://readinglist.cfapps.io。如果你正在使用Eclipse或Spring ToolSuite，可以通过如下步骤开启远程客户端。

(1) 选择Run > Run Configurations菜单项。

(2) 创建一个新的Java Application运行配置。

(3) 在Project里选中Reading List项目（可以键入项目名或者点击Browse按钮找到这个项目，见图A-1）。

(4) 在Main Class里键入`org.springframework.boot.devtools.RemoteSpringApplication`（见图A-1）。

(5) 切换到Arguments标签页，在Program Arguments里键入`https://readinglist.cfapps.io`（见图A-2）。

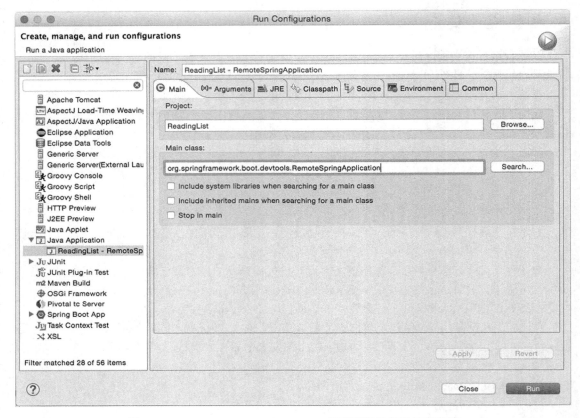

图A-1 RemoteSpringApplication是远程开发者工具客户端

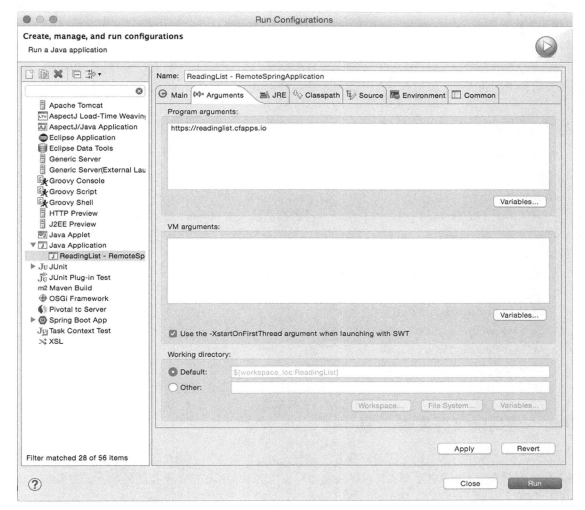

图A-2 RemoteSpringApplication将远程应用程序的URL作为参数

客户端启动后,就可以在IDE里修改应用程序了。在检测到变动后,这些修改点会被推送到远端并加以应用。如果修改的内容涉及呈现的Web资源(比如样式表或JavaScript),LiveReload还会触发浏览器刷新。

远程客户端还会开启基于HTTP的远程调试通道,这样就能在IDE里调试部署在远程的应用程序了。你要做的就是确保远程应用程序打开了远程调试功能。这通常可以通过配置JAVA_OPTS来实现。

比方说,你的应用程序部署在Cloud Foundry上,可以像下面这样在应用程序的manifest.yml里设置JAVA_OPTS。

```
---
env:
  JAVA_OPTS: "-Xdebug -Xrunjdwp:server=y,transport=dt_socket,suspend=n"
```

远程应用程序启动后，会和本地调试服务器建立一个连接。你可以设置断点，一步步执行远程应用程序里的代码，就好像它们运行在本地一样（出于网络原因，速度会有点慢）。

A.4 默认的开发时属性

有些配置属性通常在开发时设置，从来不用在生产环境里。比如视图模板缓存，在开发时最好关掉，这样你可以立刻看到修改的结果。但在生产环境里，为了追求更好的性能，应该开启视图模版缓存。

默认情况下，Spring Boot会为其支持的各种视图模板（Thymeleaf、Freemarker、Velocity、Mustache和Groovy模板）开启缓存选项。但如果存在Spring Boot的开发者工具，这些缓存就会禁用。

实际上，这就是说在开发者工具激活后，如下属性会设置为 false。

- spring.thymeleaf.cache
- spring.freemarker.cache
- spring.velocity.cache
- spring.mustache.cache
- spring.groovy.template.cache

这样一来，就不用在开发时（在一个开发时使用的Profile配置里）禁用它们了。

A.5 全局配置开发者工具

你应该已经注意到了，在使用开发者工具时，你通常会在多个项目里使用相同的设置。举个例子，如果你使用了重启触发文件，那么你很可能在多个项目里都使用相同的触发文件名。相比在每个项目里重复开发者工具配置，对开发者工具做全局配置显得更方便一些。

要实现这个目的，可以在你的主目录（home directory）里创建一个名为.spring-boot-devtools.properties的文件。（请注意，文件名用"."开头。）在那个文件里，你可以设置希望在多个项目里共享的各种开发者工具属性。

例如，假设你想把触发文件的名称设置为.trigger，在所有Spring Boot项目里禁用LiveReload。你可以创建一个.spring-boot-devtools.properties文件，包含如下内容：

```
spring.devtools.restart.trigger-file=.trigger
spring.devtools.livereload.enabled=false
```

要是你想覆盖这些配置，可以在每个项目的application.properties或application.yml文件里设置特定于每个项目的属性。

附录 B Spring Boot起步依赖

Spring Boot起步依赖大大简化了项目构建说明中的依赖配置，因为常用的依赖聚合于更粗粒度的依赖。你的构建项目会传递解析到起步依赖中声明的其他依赖。

起步依赖不仅能让构建说明中的依赖配置更简单，还根据提供给应用程序的功能将它们组织到一起。例如，与其指定用于验证的特定库（比如Hibernate Validator和Tomcat的内嵌表达式语言），还不如简单地添加`spring-boot-starter-validation`起步依赖。

表B-1列出了Spring Boot的所有起步依赖，还有它们传递声明的依赖。

表B-1 Spring Boot起步依赖

起步依赖 （Group ID: `org.springframework.boot`）	传递依赖
`spring-boot-starter`	❏ `org.springframework.boot:spring-boot`
	❏ `org.springframework.boot:spring-boot-autoconfigure`
	❏ `org.springframework.boot:spring-boot-starter-logging`
	❏ `org.springframework:spring-core` (excludes `commons-logging:commons-logging`)
	❏ `org.yaml:snakeyaml`
`spring-boot-starter-actuator`	❏ `org.springframework.boot:spring-boot-starter`
	❏ `org.springframework.boot:spring-boot-actuator`
`spring-boot-starter-amqp`	❏ `org.springframework.boot:spring-boot-starter`
	❏ `org.springframework:spring-messaging`
	❏ `org.springframework.amqp:spring-rabbit`
`spring-boot-starter-aop`	❏ `org.springframework.boot:spring-boot-starter`
	❏ `org.springframework:spring-aop`
	❏ `org.aspectj:aspectjrt`
	❏ `org.aspectj:aspectjweaver`
`spring-boot-starter-artemis`	❏ `org.springframework.boot:spring-boot-starter`
	❏ `org.springframework:spring-jms`
	❏ `org.apache.activemq:artemis-jms-client`

（续）

起步依赖 （Group ID：org.springframework.boot）	传递依赖
spring-boot-starter-batch	☐ org.springframework.boot:spring-boot-starter ☐ org.hsqldb:hsqldb ☐ org.springframework:spring-jdbc ☐ org.springframework.batch:spring-batch-core
spring-boot-starter-cache	☐ org.springframework.boot:spring-boot-starter ☐ org.springframework:spring-context ☐ org.springframework:spring-context-support
spring-boot-starter-cloud-connectors	☐ org.springframework.boot:spring-boot-starter ☐ org.springframework.cloud:spring-cloud-spring-service-connector ☐ org.springframework.cloud:spring-cloud-cloudfoundry-connector ☐ org.springframework.cloud:spring-cloud-heroku-connector ☐ org.springframework.cloud:spring-cloud-local-config-connector
spring-boot-starter-data-elasticsearch	☐ org.springframework.boot:spring-boot-starter ☐ org.springframework.data:spring-data-elasticsearch
spring-boot-starter-data-gemfire	☐ org.springframework.boot:spring-boot-starter ☐ com.gemstone.gemfire:gemfire (excludes commons-logging:commons-logging) ☐ org.springframework.data:spring-data-gemfire
spring-boot-starter-data-jpa	☐ org.springframework.boot:spring-boot-starter ☐ org.springframework.boot:spring-boot-starter-aop ☐ org.springframework.boot:spring-boot-starter-jdbc ☐ org.hibernate:hibernate-entitymanager (excludes org.jboss.spec.javax.transaction:jboss-transaction-api_1.2_spec) ☐ javax.transaction:javax.transaction-api ☐ org.springframework.data:spring-data-jpa ☐ org.springframework:spring-aspects
spring-boot-starter-data-mongodb	☐ org.springframework.boot:spring-boot-starter ☐ org.mongodb:mongo-java-driver ☐ org.springframework.data:spring-data-mongodb
spring-boot-starter-data-rest	☐ org.springframework.boot:spring-boot-starter ☐ org.springframework.boot:spring-boot-starter-web ☐ com.fasterxml.jackson.core:jackson-annotations ☐ com.fasterxml.jackson.core:jackson-databind ☐ org.springframework.data:spring-data-rest-webmvc
spring-boot-starter-data-solr	☐ org.springframework.boot:spring-boot-starter ☐ org.apache.solr:solr-solrj (excludes log4j:log4j) ☐ org.springframework.data:spring-data-solr ☐ org.apache.httpcomponents:httpmime

（续）

起步依赖 （Group ID：org.springframework.boot）	传递依赖
spring-boot-starter-freemarker	- org.springframework.boot:spring-boot-starter - org.springframework.boot:spring-boot-starter-web - org.freemarker:freemarker - org.springframework:spring-context-support
spring-boot-starter-groovy-templates	- org.springframework.boot:spring-boot-starter - org.springframework.boot:spring-boot-starter-web - org.codehaus.groovy:groovy-templates
spring-boot-starter-hateoas	- org.springframework.boot:spring-boot-starter-web - org.springframework.hateoas:spring-hateoas - org.springframework.plugin:spring-plugin-core
spring-boot-starter-hornetq	- org.springframework.boot:spring-boot-starter - org.springframework:spring-jms - org.hornetq:hornetq-jms-client
spring-boot-starter-integration	- org.springframework.boot:spring-boot-starter - org.springframework.boot:spring-boot-starter-aop - org.springframework.integration:spring-integration-core - org.springframework.integration:spring-integration-file - org.springframework.integration:spring-integration-http - org.springframework.integration:spring-integration-ip - org.springframework.integration:spring-integration-stream
spring-boot-starter-jdbc	- org.springframework.boot:spring-boot-starter - org.apache.tomcat:tomcat-jdbc - org.springframework:spring-jdbc
spring-boot-starter-jersey	- org.springframework.boot:spring-boot-starter - org.springframework.boot:spring-boot-starter-tomcat - org.springframework.boot:spring-boot-starter-validation - com.fasterxml.jackson.core:jackson-databind - org.springframework:spring-web - org.glassfish.jersey.core:jersey-server - org.glassfish.jersey.containers:jersey-container-servlet-core - org.glassfish.jersey.containers:jersey-container-servlet - org.glassfish.jersey.ext:jersey-bean-validation（excludes javax.el:javax.el-api, org.glassfish.web:javax.el) - org.glassfish.jersey.ext:jersey-spring3 - org.glassfish.jersey.media:jersey-media-json-jackson
spring-boot-starter-jetty	- org.eclipse.jetty:jetty-servlets - org.eclipse.jetty:jetty-webapp - org.eclipse.jetty.websocket:websocket-server - org.eclipse.jetty.websocket:javax-websocket-server-impl

（续）

起步依赖 (Group ID: `org.springframework.boot`)	传递依赖
`spring-boot-starter-jooq`	☐ `org.springframework.boot:spring-boot-starter` ☐ `org.springframework.boot:spring-boot-starter-jdbc` ☐ `org.springframework:spring-tx` ☐ `org.jooq:jooq`
`spring-boot-starter-jta-atomikos`	☐ `org.springframework.boot:spring-boot-starter` ☐ `com.atomikos:transactions-jms` ☐ `com.atomikos:transactions-jta(excludes org.apache.geronimo.specs:geronimo-jta_1.0.1B_spec)` ☐ `com.atomikos:transactions-jdbc` ☐ `javax.transaction:javax.transaction-api`
`spring-boot-starter-jta-bitronix`	☐ `org.springframework.boot:spring-boot-starter` ☐ `javax.jms:jms-api` ☐ `javax.transaction:javax.transaction-api` ☐ `org.codehaus.btm:btm (excludes javax.transaction:jta)`
`spring-boot-starter-log4j`	☐ `org.slf4j:jcl-over-slf4j` ☐ `org.slf4j:jul-to-slf4j` ☐ `org.slf4j:slf4j-log4j12` ☐ `log4j:log4j`
`spring-boot-starter-log4j2`	☐ `org.apache.logging.log4j:log4j-slf4j-impl` ☐ `org.apache.logging.log4j:log4j-api` ☐ `org.apache.logging.log4j:log4j-core` ☐ `org.slf4j:jcl-over-slf4j` ☐ `org.slf4j:jul-to-slf4j`
`spring-boot-starter-logging`	☐ `ch.qos.logback:logback-classic` ☐ `org.slf4j:jcl-over-slf4j` ☐ `org.slf4j:jul-to-slf4j` ☐ `org.slf4j:log4j-over-slf4j`
`spring-boot-starter-mail`	☐ `org.springframework.boot:spring-boot-starter` ☐ `org.springframework:spring-context` ☐ `org.springframework:spring-context-support` ☐ `com.sun.mail:javax.mail`
`spring-boot-starter-mobile`	☐ `org.springframework.boot:spring-boot-starter` ☐ `org.springframework.boot:spring-boot-starter-web` ☐ `org.springframework.mobile:spring-mobile-device`
`spring-boot-starter-mustache`	☐ `org.springframework.boot:spring-boot-starter` ☐ `org.springframework.boot:spring-boot-starter-web` ☐ `com.samskivert:jmustache`
`spring-boot-starter-redis`	☐ `org.springframework.boot:spring-boot-starter` ☐ `org.springframework.data:spring-data-redis` ☐ `redis.clients:jedis`

（续）

起步依赖 （Group ID：org.springframework.boot）	传递依赖
spring-boot-starter-remote-shell	- org.springframework.boot:spring-boot-starter - org.springframework.boot:spring-boot-starter-actuator - org.crashub:crash.cli - org.crashub:crash.connectors.ssh(excludes org.codehaus.groovy:groovy-all) - org.crashub:crash.connectors.telnet (excludes javax.servlet:servlet-api,log4j:log4j,commons-logging:commonslogging) - org.crashub:crash.embed.spring(excludes org.springframework:spring-web,org.codehaus.groovy:groovy-all) - org.crashub:crash.plugins.cron (excludes org.codehaus.groovy:groovy-all) - org.crashub:crash.plugins.mail (excludes org.codehaus.groovy:groovy-all) - org.crashub:crash.shell(excludes org.codehaus.groovy:groovy-all) - org.codehaus.groovy:groovy
spring-boot-starter-security	- org.springframework.boot:spring-boot-starter - org.springframework:spring-aop - org.springframework.security:spring-security-config - org.springframework.security:spring-security-web
spring-boot-starter-social-facebook	- org.springframework.boot:spring-boot-starter - org.springframework.boot:spring-boot-starter-web - org.springframework.social:spring-social-config - org.springframework.social:spring-social-core - org.springframework.social:spring-social-web - org.springframework.social:spring-social-facebook
spring-boot-starter-social-linkedin	- org.springframework.boot:spring-boot-starter - org.springframework.boot:spring-boot-starter-web - org.springframework.social:spring-social-config - org.springframework.social:spring-social-core - org.springframework.social:spring-social-web - org.springframework.social:spring-social-linkedin
spring-boot-starter-social-twitter	- org.springframework.boot:spring-boot-starter - org.springframework.boot:spring-boot-starter-web - org.springframework.social:spring-social-config - org.springframework.social:spring-social-core - org.springframework.social:spring-social-web - org.springframework.social:spring-social-twitter
spring-boot-starter-tes	- junit:junit - org.mockito:mockito-core - org.hamcrest:hamcrest-core - org.hamcrest:hamcrest-library - org.springframework:spring-core(excludes commons-logging:commons-logging) - org.springframework:spring-test

(续)

起步依赖 （Group ID：org.springframework.boot）	传递依赖
spring-boot-starter-thymeleaf	❏ org.springframework.boot:spring-boot-starter ❏ org.springframework.boot:spring-boot-starter-web ❏ org.thymeleaf:thymeleaf-spring4 ❏ nz.net.ultraq.thymeleaf:thymeleaf-layout-dialect
spring-boot-starter-tomcat	❏ org.apache.tomcat.embed:tomcat-embed-core ❏ org.apache.tomcat.embed:tomcat-embed-el ❏ org.apache.tomcat.embed:tomcat-embed-logging-juli ❏ org.apache.tomcat.embed:tomcat-embed-websocket
spring-boot-starter-undertow	❏ io.undertow:undertow-core ❏ io.undertow:undertow-servlet(excludes org.jboss.spec.javax.servlet:jboss-servlet-api_3.1_spec) ❏ io.undertow:undertow-websockets-jsr ❏ javax.servlet:javax.servlet-api ❏ org.glassfish:javax.el
spring-boot-starter-validation	❏ org.springframework.boot:spring-boot-starter ❏ org.apache.tomcat.embed:tomcat-embed-el ❏ org.hibernate:hibernate-validator
spring-boot-starter-velocity	❏ org.springframework.boot:spring-boot-starter ❏ org.springframework.boot:spring-boot-starter-web ❏ commons-beanutils:commons-beanutils ❏ commons-collections:commons-collections ❏ commons-digester:commons-digester ❏ org.apache.velocity:velocity ❏ org.apache.velocity:velocity-tools ❏ org.springframework:spring-context-support
spring-boot-starter-web	❏ org.springframework.boot:spring-boot-starter ❏ org.springframework.boot:spring-boot-starter-tomcat ❏ org.springframework.boot:spring-boot-starter-validation ❏ com.fasterxml.jackson.core:jackson-databind ❏ org.springframework:spring-web ❏ org.springframework:spring-webmvc
spring-boot-starter-websocket	❏ org.springframework.boot:spring-boot-starter ❏ org.springframework.boot:spring-boot-starter-web ❏ org.springframework:spring-messaging ❏ org.springframework:spring-websocket
spring-boot-starter-ws	❏ org.springframework.boot:spring-boot-starter ❏ org.springframework.boot:spring-boot-starter-web ❏ org.springframework:spring-jms ❏ org.springframework:spring-oxm ❏ org.springframework.ws:spring-ws-core ❏ org.springframework.ws:spring-ws-support

附录 C 配置属性

虽然Spring Boot在应用程序配置组件时处理了很多"粗活",但你可能还是想对其中某些组件进行微调。这时就该配置属性登场了。

第3章介绍了@ConfigurationProperties注解,以及它如何暴露配置在代码外部的属性。你可以在自己创建的组件上使用@ConfigurationProperties注解,而Spring Boot自动配置的很多组件也添加了@ConfigurationProperties注解,可以通过Spring Boot支持的各种属性源对其进行配置。

例如,要指定内嵌的Tomcat或Jetty服务器应监听的端口,可以设置server.port属性。这个属性可以设置于application.properties、application.yml、操作系统环境变量,或者是3.2节列出的其他地方。

本附录列出了Spring Boot组件提供的全部配置属性。请注意,这些属性是否生效取决于对应的组件是否声明为Spring应用程序上下文里的Bean(基本是自动配置的),为一个不生效的组件设置属性是没有用的。

- flyway.baseline-description
  执行基线时标记已有Schema的描述。
- flyway.baseline-on-migrate
  在没有元数据表的情况下,针对非空Schema执行迁移时是否自动调用基线。(默认值:false。)
- flyway.baseline-version
  执行基线时用来标记已有Schema的版本。(默认值:1。)
- flyway.check-location
  检查迁移脚本所在的位置是否存在。(默认值:false。)
- flyway.clean-on-validation-error
  在验证错误时,是否自动执行清理。(默认值:false。)
- flyway.enabled
  开启Flyway。(默认值:true。)
- flyway.encoding
  设置SQL迁移文件的编码。(默认值:UTF-8。)

- `flyway.ignore-failed-future-migration`
  在读元数据表时，是否忽略失败的后续迁移。（默认值：`false`。）
- `flyway.init-sqls`
  获取连接后立即执行初始化的SQL语句。
- `flyway.locations`
  迁移脚本的位置。（默认值：`db/migration`。）
- `flyway.out-of-order`
  是否允许乱序（out of order）迁移。（默认值：`false`。）
- `flyway.password`
  待迁移数据库的登录密码。
- `flyway.placeholder-prefix`
  设置每个占位符的前缀。（默认值：`${`。）
- `flyway.placeholder-replacement`
  是否要替换占位符。（默认值：`true`。）
- `flyway.placeholder-suffix`
  设置占位符的后缀。（默认值：`}`。）
- `flyway.placeholders.[placeholder name]`
  设置占位符的值。
- `flyway.schemas`
  Flyway管理的Schema列表，区分大小写。默认连接对应的默认Schema。
- `flyway.sql-migration-prefix`
  SQL迁移的文件名前缀。（默认值：`V`。）
- `flyway.sql-migration-separator`
  SQL迁移的文件名分隔符。（默认值：`__`。）
- `flyway.sql-migration-suffix`
  SQL迁移的文件名后缀。（默认值：`.sql`。）
- `flyway.table`
  Flyway使用的Schema元数据表名称。（默认值：`schema_version`。）
- `flyway.target`
  Flyway要迁移到的目标版本号。（默认最新版本。）
- `flyway.url`
  待迁移的数据库的JDBC URL。如果没有设置，就使用配置的主数据源。
- `flyway.user`
  待迁移数据库的登录用户。
- `flyway.validate-on-migrate`
  在运行迁移时是否要自动验证。（默认值：`true`。）

- `liquibase.change-log`
  变更日志配置路径。（默认值：`classpath:/db/changelog/db.changelog-master.yaml`。）
- `liquibase.check-change-log-location`
  检查变更日志位置是否存在。（默认值：`true`。）
- `liquibase.contexts`
  要使用的运行时上下文列表，用逗号分隔。
- `liquibase.default-schema`
  默认的数据库Schema。
- `liquibase.drop-first`
  先删除数据库Schema。（默认值：`false`。）
- `liquibase.enabled`
  开启Liquibase支持。（默认值：`true`。）
- `liquibase.password`
  待迁移数据库的登录密码。
- `liquibase.url`
  待迁移数据库的JDBC URL。如果没有设置，就使用配置的主数据源。
- `liquibase.user`
  待迁移数据库的登录用户。
- `multipart.enabled`
  开启分段（multi-part）上传支持。（默认值：`true`。）
- `multipart.file-size-threshold`
  大于该阈值的文件会写到磁盘上。这里的值可以使用MB或KB后缀来表明是兆字节还是千字节。（默认值：`0`。）
- `multipart.location`
  上传文件的中间存放位置。
- `multipart.max-file-size`
  最大文件大小。这里的值可以使用MB或KB后缀来表明是兆字节还是千字节。（默认值：`1MB`。）
- `multipart.max-request-size`
  最大请求大小。这里的值可以使用MB或KB后缀来表明是兆字节还是千字节。（默认值：`10MB`。）
- `security.basic.authorize-mode`
  要运用的安全授权模式。
- `security.basic.enabled`
  开启基本身份验证。（默认值：`true`。）

- `security.basic.path`
  要保护的路径，用逗号分隔。（默认值：`[/**]`。）
- `security.basic.realm`
  HTTP基本领域（realm）用户名。（默认值：`Spring`。）
- `security.enable-csrf`
  开启跨站请求伪造（cross-site request forgery）支持。（默认值：`false`。）
- `security.filter-order`
  安全过滤器链顺序。（默认值：`0`。）
- `security.headers.cache`
  开启缓存控制HTTP头。（默认值：`false`。）
- `security.headers.content-type`
  开启`X-Content-Type-Options`头。（默认值：`false`。）
- `security.headers.frame`
  开启`X-Frame-Options`头。（默认值：`false`。）
- `security.headers.hsts`
  HTTP Strict Transport Security（HSTS）模式（可设置为`none`、`domain`、`all`）。
- `security.headers.xss`
  开启跨站脚本（cross-site scripting）保护。（默认值：`false`。）
- `security.ignored`
  要从默认保护路径中排除掉的路径列表，用逗号分隔。
- `security.oauth2.client.access-token-uri`
  用于获取访问令牌的URI。
- `security.oauth2.client.access-token-validity-seconds`
  在令牌过期前多长时间验证一次。
- `security.oauth2.client.additional-information.[key]`
  设置额外的信息，令牌授予者会将其添加到令牌里。
- `security.oauth2.client.authentication-scheme`
  传送持有人令牌（bearer token）的方法，包括`form`、`header`、`none`、`query`，可选其一。（默认值：`header`。）
- `security.oauth2.client.authorities`
  要赋予经授权客户端的权限。
- `security.oauth2.client.authorized-grant-types`
  客户端可用的授予类型。
- `security.oauth2.client.auto-approve-scopes`
  客户端自动通过的范围。
- `security.oauth2.client.client-authentication-scheme`

在客户端身份认证时用于传输身份认证信息的方法,包括form、header、none、query,可选其一。(默认值:header。)

- `security.oauth2.client.client-id`
  OAuth2客户端ID。
- `security.oauth2.client.client-secret`
  OAuth2客户端密钥。默认随机生成。
- `security.oauth2.client.grant-type`
  获得资源访问令牌的授予类型。
- `security.oauth2.client.id`
  应用程序的客户端ID。
- `security.oauth2.client.pre-established-redirect-uri`
  与服务器预先建立好的重定向URI。如果设置了该属性,用户授权请求中的重定向URI会被忽略,因为服务器不需要它。
- `security.oauth2.client.refresh-token-validity-seconds`
  刷新令牌在过期前的有效时间。
- `security.oauth2.client.registered-redirect-uri`
  客户端里注册的重定向URI,用逗号分隔。
- `security.oauth2.client.resource-ids`
  与客户端关联的资源ID,用逗号分隔。
- `security.oauth2.client.scope`
  客户端分配的域。
- `security.oauth2.client.token-name`
  令牌名称。
- `security.oauth2.client.use-current-uri`
  请求里的当前URI(如果设置了的话)是否优先于预建立的重定向URI。(默认值:true。)
- `security.oauth2.client.user-authorization-uri`
  用户要重定向以便授访问令牌的URI。
- `security.oauth2.resource.id`
  资源的标识符。
- `security.oauth2.resource.jwt.key-uri`
  JWT令牌的URI。如果没有配置key-value,使用的又是公钥,那么可以对这个属性进行设置。
- `security.oauth2.resource.jwt.key-value`
  JWT令牌的验证密钥,可以是对称密钥,也可以是PEM编码的RSA公钥。如果没有配置这个属性,那么可以用key-uri代替。
- `security.oauth2.resource.prefer-token-info`

使用令牌的信息，设置为`false`则使用用户信息。（默认值：`true`。）

- `security.oauth2.resource.service-id`
  服务ID。（默认值：`resource`。）
- `security.oauth2.resource.token-info-uri`
  令牌解码端点URI。
- `security.oauth2.resource.token-type`
  在使用`userInfoUri`时发送的令牌类型。
- `security.oauth2.resource.user-info-uri`
  用户端点的URI。
- `security.oauth2.sso.filter-order`
  在没有显式提供`WebSecurityConfigurerAdapter`时应用的过滤器顺序，在`WebSecurityConfigurerAdapter`里也可以指定顺序。
- `security.oauth2.sso.login-path`
  登录页的路径——登录页是触发重定向到OAuth2授权服务器的页面。（默认值：`/login`。）
- `security.require-ssl`
  对所有请求开启安全通道。（默认值：`false`。）
- `security.sessions`
  创建会话使用的策略。（可选值包括：`always`、`never`、`if_required`、`stateless`。）
- `security.user.name`
  默认的用户名。（默认值：`user`。）
- `security.user.password`
  默认用户的密码。
- `security.user.role`
  赋予默认用户的角色。
- `server.address`
  服务器绑定的网络地址。
- `server.compression.enabled`
  是否要开启压缩。（默认值：`false`。）
- `server.compression.excluded-user-agents`
  用逗号分割的列表，标明哪些用户代理不该开启压缩。（可选值包括：`text/html`、`text/xml`、`text/plain`、`text/css`）
- `server.compression.mime-types`
  要开启压缩的MIME类型列表，用逗号分割。
- `server.compression.min-response-size`
  要执行压缩的最小响应大小（单位为字节）。（默认值：`2048`。）

- `server.context-parameters.[param name]`
  设置一个Servlet上下文参数。
- `server.context-path`
  应用程序的上下文路径。
- `server.display-name`
  应用程序的显示名称。(默认值：`application`。)
- `server.jsp-servlet.class-name`
  针对JSP使用的Servlet类名。(默认值：`org.apache.jasper.servlet.JspServlet`。)
- `server.jsp-servlet.init-parameters.[param name]`
  设置JSP Servlet初始化参数。
- `server.jsp-servlet.registered`
  JSP Servlet是否要注册到内嵌的Servlet容器里。(默认值：`true`。)
- `server.port`
  服务器的HTTP端口。
- `server.servlet-path`
  主分发器Servlet的路径。(默认值：`/`。)
- `server.session.cookie.comment`
  会话Cookie的注释。
- `server.session.cookie.domain`
  会话Cookie的域。
- `server.session.cookie.http-only`
  会话Cookie的`HttpOnly`标记。
- `server.session.cookie.max-age`
  会话Cookie的最大保存时间，单位为秒。
- `server.session.cookie.name`
  会话Cookie名称。
- `server.session.cookie.path`
  会话Cookie的路径。
- `server.session.cookie.secure`
  会话Cookie的`Secure`标记。
- `server.session.persistent`
  是否在两次重启间持久化会话数据。(默认值：`false`。)
- `server.session.timeout`
  会话超时时间，单位为秒。
- `server.session.tracking-modes`
  会话跟踪模式（包括：`cookie`、`url`和`ssl`，可选其一或若干）。

- `server.ssl.ciphers`
  支持的SSL加密算法。
- `server.ssl.client-auth`
  客户端授权是主动想（`want`）还是被动需要（`need`）。要有一个TrustStore。
- `server.ssl.enabled`
  是否开启SSL。（默认值：`true`。）
- `server.ssl.key-alias`
  在KeyStore里标识密钥的别名。
- `server.ssl.key-password`
  在KeyStore里用于访问密钥的密码。
- `server.ssl.key-store`
  持有SSL证书的KeyStore的路径（通常指向一个.jks文件）。
- `server.ssl.key-store-password`
  访问KeyStore时使用的密钥。
- `server.ssl.key-store-provider`
  KeyStore的提供者。
- `server.ssl.key-store-type`
  KeyStore的类型。
- `server.ssl.protocol`
  要使用的SSL协议。（默认值：`TLS`。）
- `server.ssl.trust-store`
  持有SSL证书的TrustStore。
- `server.ssl.trust-store-password`
  用于访问TrustStore的密码。
- `server.ssl.trust-store-provider`
  TrustStore的提供者。
- `server.ssl.trust-store-type`
  TrustStore的类型。
- `server.tomcat.access-log-enabled`
  是否开启访问日志。（默认值：`false`。）
- `server.tomcat.access-log-pattern`
  访问日志的格式。（默认值：`common`。）
- `server.tomcat.accesslog.directory`
  创建日志文件的目录。可以相对于Tomcat基础目录，也可以是绝对路径。（默认值：`logs`。）
- `server.tomcat.accesslog.enabled`
  开启访问日志。（默认值：`false`。）

- `server.tomcat.accesslog.pattern`
  访问日志的格式。(默认值：`common`。)
- `server.tomcat.accesslog.prefix`
  日志文件名的前缀。(默认值：`access_log`。)
- `server.tomcat.accesslog.suffix`
  日志文件名的后缀。(默认值：`.log`。)
- `server.tomcat.background-processor-delay`
  两次调用`backgroundProcess`方法之间的延迟时间，单位为秒。(默认值：`30`。)
- `server.tomcat.basedir`
  Tomcat的基础目录。如果没有指定则使用一个临时目录。
- `server.tomcat.internal-proxies`
  匹配可信任代理服务器的正则表达式。默认值："10\.\d{1,3}\.\d{1,3}\.\d{1,3}|192\.168\.\d{1,3}\.\d{1,3}| 169\.254\.\d{1,3}\.\d{1,3}| 127\.\d{1,3}\.\d{1,3}\.\d{1,3}|172\.1[6-9]{1}\.\d{1,3}\.\d{1,3}| 172\.2[0-9]{1}\.\d{1,3}\.\d{1,3}|172\.3[0-1]{1}\.\d{1,3}\.\d{1,3}"。
- `server.tomcat.max-http-header-size`
  HTTP消息头的最大字节数。(默认值：`0`。)
- `server.tomcat.max-threads`
  最大工作线程数。(默认值：`0`。)
- `server.tomcat.port-header`
  用来覆盖原始端口值的HTTP头的名字。
- `server.tomcat.protocol-header`
  持有流入协议的HTTP头，通常的名字是`X-Forwarded-Proto`。仅当设置了`remoteIp-Header`的时候，它会被配置为`RemoteIpValve`。
- `server.tomcat.protocol-header-https-value`
  协议头的值，表明流入请求使用了SSL。(默认值：`https`。)
- `server.tomcat.remote-ip-header`
  表明从哪个HTTP头里可以提取到远端IP。仅当设置了`remoteIpHeader`的时候，它会被配置为`RemoteIpValve`。
- `server.tomcat.uri-encoding`
  用来解码URI的字符编码。
- `server.undertow.access-log-dir`
  Undertow的访问日志目录。(默认值：`logs`。)
- `server.undertow.access-log-enabled`
  是否开启访问日志。(默认值：`false`。)
- `server.undertow.access-log-pattern`

访问日志的格式。(默认值:`common`。)
- `server.undertow.accesslog.dir`
  Undertow访问日志目录。
- `server.undertow.accesslog.enabled`
  开启访问日志。(默认值:`false`。)
- `server.undertow.accesslog.pattern`
  访问日志的格式。(默认值:`common`。)
- `server.undertow.buffer-size`
  每个缓冲的字节数。
- `server.undertow.buffers-per-region`
  每个区(region)的缓冲数。
- `server.undertow.direct-buffers`
  在Java堆外分配缓冲。
- `server.undertow.io-threads`
  要为工作线程创建的I/O线程数。
- `server.undertow.worker-threads`
  工作线程数。
- `spring.activemq.broker-url`
  ActiveMQ代理的URL。默认自动生成。
- `spring.activemq.in-memory`
  标明默认代理URL是否应该在内存里。如果指定了一个显式的代理则忽略该属性。(默认值:`true`。)
- `spring.activemq.password`
  代理的登录密码。
- `spring.activemq.pooled`
  标明是否要创建一个`PooledConnectionFactory`来代替普通的`ConnectionFactory`。(默认值:`false`。)
- `spring.activemq.user`
  代理的登录用户名。
- `spring.aop.auto`
  添加`@EnableAspectJAutoProxy`。(默认值:`true`。)
- `spring.aop.proxy-target-class`
  是否要创建基于子类(即Code Generation Library,CGLIB)的代理来代替基于Java接口的代理,前者为`true`,后者为`false`。(默认值:`false`。)
- `spring.application.admin.enabled`
  开启应用程序的管理功能。(默认值:`false`。)

- `spring.application.admin.jmx-name`
  应用程序管理MBean的JMX名称。（默认值：`org.springframework.boot:type=Admin,name=SpringApplication`。）
- `spring.artemis.embedded.cluster-password`
  集群密码。默认在启动时随机生成。
- `spring.artemis.embedded.data-directory`
  Journal文件目录。如果关闭了持久化则不需要该属性。
- `spring.artemis.embedded.enabled`
  如果有Artemis服务器API则开启嵌入模式。（默认值：`true`。）
- `spring.artemis.embedded.persistent`
  开启持久化存储。（默认值：`false`。）
- `spring.artemis.embedded.queues`
  要在启动时创建的队列列表，用逗号分隔。（默认值：`[]`。）
- `spring.artemis.embedded.server-id`
  服务器ID。默认情况下，使用一个自动递增的计数器。（默认值：`0`。）
- `spring.artemis.embedded.topics`
  在启动时要创建的主题列表，用逗号分隔。（默认值：`[]`。）
- `spring.artemis.host`
  Artemis代理主机。（默认值：`localhost`。）
- `spring.artemis.mode`
  Artemis部署模式，默认自动检测。可以显式地设置为`native`或`embedded`。
- `spring.artemis.port`
  Artemis代理端口。（默认值：`61616`。）
- `spring.autoconfigure.exclude`
  要排除的自动配置类。
- `spring.batch.initializer.enabled`
  如果有必要的话，在启动时创建需要的批处理表。（默认值：`true`。）
- `spring.batch.job.enabled`
  在启动时执行上下文里的所有Spring Batch任务。（默认值：`true`。）
- `spring.batch.job.names`
  启动时要执行的任务名列表，用逗号分隔。默认在上下文里找到的所有任务都会执行。
- `spring.batch.schema`
  指向初始化数据库Schema用的SQL文件的路径。（默认值：`classpath:org/springframework/batch/core/schema-@@platform@@.sql`。）
- `spring.batch.table-prefix`
  所有批处理元数据表的表前缀。

- spring.cache.cache-names
  如果底层缓存管理器支持缓存名的话,可以在这里指定要创建的缓存名列表,用逗号分隔。通常这会禁用运行时创建其他额外缓存的能力。
- spring.cache.ehcache.config
  用来初始化EhCache的配置文件的位置。
- spring.cache.guava.spec
  用来创建缓存的Spec。要获得有关Spec格式的详细情况,可以查看CacheBuilderSpec。
- spring.cache.hazelcast.config
  用来初始化Hazelcast的配置文件的位置。
- spring.cache.infinispan.config
  用来初始化Infinispan的配置文件的位置。
- spring.cache.jcache.config
  用来初始化缓存管理器的配置文件的位置。配置文件依赖于底层的缓存实现。
- spring.cache.jcache.provider
  CachingProvider实现的全限定类名,用来获取JSR-107兼容的缓存管理器,仅在Classpath里有不只一个JSR-107实现时才需要这个属性。
- spring.cache.type
  缓存类型,默认根据环境自动检测。
- spring.dao.exceptiontranslation.enabled
  打开PersistenceExceptionTranslationPostProcessor。(默认值:true。)
- spring.data.elasticsearch.cluster-name
  Elasticsearch集群名。(默认值:elasticsearch)
- spring.data.elasticsearch.cluster-nodes
  集群节点地址列表,用逗号分隔。如果没有指定,就启动一个客户端节点。
- spring.data.elasticsearch.properties
  用来配置客户端的额外属性。
- spring.data.elasticsearch.repositories.enabled
  开启Elasticsearch仓库。(默认值:true。)
- spring.data.jpa.repositories.enabled
  开启JPA仓库。(默认值:true。)
- spring.data.mongodb.authentication-database
  身份认证数据库名。
- spring.data.mongodb.database
  数据库名。
- spring.data.mongodb.field-naming-strategy
  要使用的FieldNamingStrategy的全限定名。

- `spring.data.mongodb.grid-fs-database`
  GridFS数据库名称。
- `spring.data.mongodb.host`
  Mongo服务器主机地址。
- `spring.data.mongodb.password`
  Mongo服务器的登录密码。
- `spring.data.mongodb.port`
  Mongo服务器端口号。
- `spring.data.mongodb.repositories.enabled`
  开启Mongo仓库。（默认值：`true`。）
- `spring.data.mongodb.uri`
  Mongo数据库URI。设置了该属性后就主机和端口号会被忽略。（默认值：`mongodb://localhost/test`。）
- `spring.data.mongodb.username`
  Mongo服务器的登录用户名。
- `spring.data.rest.base-path`
  用于发布仓库资源的基本路径。
- `spring.data.rest.default-page-size`
  分页数据的默认页大小。（默认值：`20`。）
- `spring.data.rest.limit-param-name`
  用于标识一次返回多少记录的URL查询字符串参数名。（默认值：`size`。）
- `spring.data.rest.max-page-size`
  最大分页大小。（默认值：`1000`。）
- `spring.data.rest.page-param-name`
  URL查询字符串参数的名称，用来标识返回哪一页。（默认值：`page`。）
- `spring.data.rest.return-body-on-create`
  在创建实体后是否返回一个响应体。（默认值：`false`。）
- `spring.data.rest.return-body-on-update`
  在更新实体后是否返回一个响应体。（默认值：`false`。）
- `spring.data.rest.sort-param-name`
  URL查询字符串参数的名称，用来标识结果排序的方向。（默认值：`sort`。）
- `spring.data.solr.host`
  Solr的主机地址。如果设置了`zk-host`则忽略该属性。（默认值：`http://127.0.0.1:8983/solr`。）
- `spring.data.solr.repositories.enabled`
  开启Solr仓库。（默认值：`true`。）

- `spring.data.solr.zk-host`
  ZooKeeper主机地址，格式为"主机:端口"。
- `spring.datasource.abandon-when-percentage-full`
  一个百分比形式的阈值，超过该阈值则关闭并报告被弃用（超时）的连接。
- `spring.datasource.allow-pool-suspension`
  是否允许池暂停（pool suspension）。在开启池暂停后会有性能会受到一定影响，除非你真的需要这个功能（例如在冗余的系统下），否则不要开启它。该属性只在使用Hikari数据库连接池时有用。（默认值：`false`。）
- `spring.datasource.alternate-username-allowed`
  是否允许使用其他用户名。
- `spring.datasource.auto-commit`
  更新操作是否自动提交。
- `spring.datasource.catalog`
  默认的Catalog名称。
- `spring.datasource.commit-on-return`
  在连接归还时，连接池是否要提交挂起的事务。
- `spring.datasource.connection-init-sql`
  在所有新连接创建时都会执行的SQL语句，该语句会在连接加入连接池前执行。
- `spring.datasource.connection-init-sqls`
  在物理连接第一次创建时执行的SQL语句列表。（用于DBCP连接池。）
- `spring.datasource.connection-properties.[key]`
  设置创建连接时使用的属性。（用于DBCP连接池。）
- `spring.datasource.connection-test-query`
  用于测试连接有效性的SQL查询。
- `spring.datasource.connection-timeout`
  连接超时（单位为毫秒）。
- `spring.datasource.continue-on-error`
  初始化数据库时发生错误不要终止。（默认值：`false`。）
- `spring.datasource.data`
  指向数据（数据库操纵语言，Data Manipulation Language，DML）脚本资源的引用。
- `spring.datasource.data-source-class-name`
  用于获取连接的数据源的全限定类名。
- `spring.datasource.data-source-jndi`
  用于获取连接的数据源的JNDI位置。
- `spring.datasource.data-source-properties.[key]`
  设置创建数据源时使用的属性。（用于Hikari连接池。）

- `spring.datasource.db-properties`
  设置创建数据源时使用的属性。(用于Tomcat连接池。)
- `spring.datasource.default-auto-commit`
  连接上的操作是否自动提交。
- `spring.datasource.default-catalog`
  连接的默认Catalog。
- `spring.datasource.default-read-only`
  连接的默认只读状态。
- `spring.datasource.default-transaction-isolation`
  连接的默认事务隔离级别。
- `spring.datasource.driver-class-name`
  JDBC驱动的全限定类名。默认根据URL自动检测。
- `spring.datasource.fair-queue`
  是否以FIFO方式返回连接。
- `spring.datasource.health-check-properties.[key]`
  设置要纳入健康检查的属性。(用于Hikari连接池。)
- `spring.datasource.idle-timeout`
  连接池中的连接能保持闲置状态的最长时间,单位为毫秒。(默认值:`10`。)
- `spring.datasource.ignore-exception-on-pre-load`
  初始化数据库连接池时是否要忽略连接。
- `spring.datasource.init-sql`
  在连接第一次创建时运行的自定义查询。
- `spring.datasource.initial-size`
  在连接池启动时要建立的连接数。
- `spring.datasource.initialization-fail-fast`
  在连接池创建时,如果达不到最小连接数是否要抛出异常。(默认值:`true`。)
- `spring.datasource.initialize`
  使用data.sql初始化数据库。(默认值:`true`。)
- `spring.datasource.isolate-internal-queries`
  是否要隔离内部请求。(默认值:`false`。)
- `spring.datasource.jdbc-interceptors`
  一个分号分隔的类名列表,这些类都扩展了`JdbcInterceptor`类。这些拦截器会插入`java.sql.Connection`对象的操作链里。(用于Tomcat连接池。)
- `spring.datasource.jdbc-url`
  用来创建连接的JDBC URL。
- `spring.datasource.jmx-enabled`

开启JMX支持（如果底层连接池提供该功能的话）。（默认值：`false`。）

- `spring.datasource.jndi-name`
  数据源的JNDI位置。设置了该属性则忽略类、URL、用户名和密码属性。

- `spring.datasource.leak-detection-threshold`
  用来检测Hikari连接池连接泄露的阈值，单位为毫秒。

- `spring.datasource.log-abandoned`
  是否针对弃用语句或连接的应用程序代码记录下跟踪栈。用于DBCP连接池。（默认值：`false`。）

- `spring.datasource.log-validation-errors`
  在使用Tomcat连接池时是否要记录验证错误。

- `spring.datasource.login-timeout`
  连接数据库的超时时间（单位为秒）。

- `spring.datasource.max-active`
  连接池中的最大活跃连接数。

- `spring.datasource.max-age`
  连接池中连接的最长寿命。

- `spring.datasource.max-idle`
  连接池中的最大空闲连接数。

- `spring.datasource.max-lifetime`
  连接池中连接的最长寿命（单位为毫秒）。

- `spring.datasource.max-open-prepared-statements`
  开启状态的`PreparedStatement`的数量上限。

- `spring.datasource.max-wait`
  连接池在等待返回连接时，最长等待多少毫秒再抛出异常。

- `spring.datasource.maximum-pool-size`
  连接池能达到的最大规模，包含空闲连接的数量和使用中的连接数量。

- `spring.datasource.min-evictable-idle-time-millis`
  一个空闲连接被空闲连接释放器（如果存在的话）优雅地释放前，最短会在连接池里停留多少时间。

- `spring.datasource.min-idle`
  连接池里始终应该保持的最小连接数。（用于DBCP和Tomcat连接池。）

- `spring.datasource.minimum-idle`:
  HikariCP试图在连接池里维持的最小空闲连接数。

- `spring.datasource.name`
  数据源的名称。

- `spring.datasource.num-tests-per-eviction-run`

空闲对象释放器线程（如果存在的话）每次运行时要检查的对象数。

- `spring.datasource.password`
  数据库的登录密码。
- `spring.datasource.platform`
  在Schema资源（schema-${platform}.sql）里要使用的平台。（默认值：all。）
- `spring.datasource.pool-name`
  连接池名称。
- `spring.datasource.pool-prepared-statements`
  是否要将Statement放在池里。
- `spring.datasource.propagate-interrupt-state`
  对于等待连接的中断线程，是否要传播中断状态。
- `spring.datasource.read-only`
  在使用Hikari连接池时将数据源设置为只读。
- `spring.datasource.register-mbeans`
  Hikari连接池是否要注册JMX MBean。
- `spring.datasource.remove-abandoned`
  被弃用的连接在到达弃用超时后是否应该被移除。
- `spring.datasource.remove-abandoned-timeout`
  连接在多少秒后应该考虑弃用。
- `spring.datasource.rollback-on-return`
  在连接归还连接池时，是否要回滚挂起的事务。
- `spring.datasource.schema`
  Schema（数据定义语言，Data Definition Language，DDL）脚本资源的引用。
- `spring.datasource.separator`
  SQL初始化脚本里的语句分割符。（默认值：;。）
- `spring.datasource.sql-script-encoding`
  SQL脚本的编码。
- `spring.datasource.suspect-timeout`
  在记录一个疑似弃用连接前要等待多少秒。
- `spring.datasource.test-on-borrow`
  从连接池中借用连接时是否要进行测试。
- `spring.datasource.test-on-connect`
  在建立连接时是否要进行测试。
- `spring.datasource.test-on-return`
  在将连接归还到连接池时是否要进行测试。
- `spring.datasource.test-while-idle`

在连接空闲时是否要进行测试。

- `spring.datasource.time-between-eviction-runs-millis`
  在两次空闲连接验证、弃用连接清理和空闲池大小调整之间睡眠的毫秒数。

- `spring.datasource.transaction-isolation`
  在使用Hikari连接池时设置默认事务隔离级别。

- `spring.datasource.url`
  数据库的JDBC URL。

- `spring.datasource.use-disposable-connection-facade`
  连接是否要用一个门面(facade)封装起来,在调用了`Connection.close()`后就不能再使用这个连接了。

- `spring.datasource.use-equals`
  在比较方法名时是否使用`String.equals()`来代替==。

- `spring.datasource.use-lock`
  在操作连接对象时是否要加锁。

- `spring.datasource.username`
  数据库的登录用户名。

- `spring.datasource.validation-interval`
  执行连接验证的间隔时间,单位为毫秒。

- `spring.datasource.validation-query`
  在连接池里的连接返回给调用者或连接池时,要执行的验证SQL查询。

- `spring.datasource.validation-query-timeout`
  在连接验证查询执行失败前等待的超时时间,单位为秒。

- `spring.datasource.validation-timeout`
  在连接验证失败前等待的超时时间,单位为秒。(用于Hikari连接池。)

- `spring.datasource.validator-class-name`
  可选验证器类的全限定类名,用于执行测试查询。

- `spring.datasource.xa.data-source-class-name`
  XA数据源的全限定类名。

- `spring.datasource.xa.properties`
  要传递给XA数据源的属性。

- `spring.freemarker.allow-request-override`
  `HttpServletRequest`的属性是否允许覆盖(隐藏)控制器生成的同名模型属性。

- `spring.freemarker.allow-session-override`
  `HttpSession`的属性是否允许覆盖(隐藏)控制器生成的同名模型属性。

- `spring.freemarker.cache`
  开启模板缓存。

- `spring.freemarker.charset`
  模板编码。
- `spring.freemarker.check-template-location`
  检查模板位置是否存在。
- `spring.freemarker.content-type`
  `Content-Type`的值。
- `spring.freemarker.enabled`
  开启FreeMarker的MVC视图解析。
- `spring.freemarker.expose-request-attributes`
  在模型合并到模板前，是否要把所有的请求属性添加到模型里。
- `spring.freemarker.expose-session-attributes`
  在模型合并到模板前，是否要把所有的`HttpSession`属性添加到模型里。
- `spring.freemarker.expose-spring-macro-helpers`
  是否发布供Spring宏程序库使用的`RequestContext`，并将命其名为`springMacro-RequestContext`。
- `spring.freemarker.prefer-file-system-access`
  加载模板时优先通过文件系统访问。文件系统访问能够实时检测到模板变更。（默认值：`true`。）
- `spring.freemarker.prefix`
  在构建URL时添加到视图名称前的前缀。
- `spring.freemarker.request-context-attribute`
  在所有视图里使用的`RequestContext`属性的名称。
- `spring.freemarker.settings`
  要传递给FreeMarker配置的各种键。
- `spring.freemarker.suffix`
  在构建URL时添加到视图名称后的后缀。
- `spring.freemarker.template-loader-path`
  模板路径列表，用逗号分隔。（默认值：`["classpath:/templates/"]`。）
- `spring.freemarker.view-names`
  可解析的视图名称的白名单。
- `spring.groovy.template.allow-request-override`
  `HttpServletRequest`的属性是否允许覆盖（隐藏）控制器生成的同名模型属性。
- `spring.groovy.template.allow-session-override`
  `HttpSession`的属性是否允许覆盖（隐藏）控制器生成的同名模型属性。
- `spring.groovy.template.cache`
  开启模板缓存。

- spring.groovy.template.charset
  模板编码。
- spring.groovy.template.check-template-location
  检查模板位置是否存在。
- spring.groovy.template.configuration.auto-escape
  模型变量在模板里呈现时是否要做转义。（默认值：false。）
- spring.groovy.template.configuration.auto-indent
  模板是否要自动呈现缩进。（默认值：false。）
- spring.groovy.template.configuration.auto-indent-string
  开启自动缩进时用于缩进的字符串，可以是SPACES，也可以是TAB。（默认值：SPACES。）
- spring.groovy.template.configuration.auto-new-line
  模板里是否要呈现新的空行。（默认值：false。）
- spring.groovy.template.configuration.base-template-class
  模板基类。
- spring.groovy.template.configuration.cache-templates
  模板是否应该缓存。（默认值：true。）
- spring.groovy.template.configuration.declaration-encoding
  用来写声明头的编码。
- spring.groovy.template.configuration.expand-empty-elements
  没有正文的元素该用短形式（例如，`<br/>`）还是扩展形式（例如，`<br></br>`）来书写。（默认值：false。）
- spring.groovy.template.configuration.locale
  设置模板地域。
- spring.groovy.template.configuration.new-line-string
  在自动空行开启后用来呈现空行的字符串。（默认为系统的line.separator属性值。）
- spring.groovy.template.configuration.resource-loader-path
  Groovy模板的路径。（默认值：classpath:/templates/。）
- spring.groovy.template.configuration.use-double-quotes
  属性是该用双引号还是单引号。（默认值：false。）
- spring.groovy.template.content-type
  Content-Type的值。
- spring.groovy.template.enabled
  开启Groovy模板的MVC视图解析。
- spring.groovy.template.expose-request-attributes
  在模型合并到模板前，是否要把所有的请求属性添加到模型里。
- spring.groovy.template.expose-session-attributes

在模型合并到模板前,是否要把所有的`HttpSession`属性添加到模型里。
- `spring.groovy.template.expose-spring-macro-helpers`
  是否发布供Spring宏程序库使用的`RequestContext`,并将其命名为`springMacro-RequestContext`。
- `spring.groovy.template.prefix`
  在构建URL时,添加到视图名称前的前缀。
- `spring.groovy.template.request-context-attribute`
  所有视图里使用的`RequestContext`属性的名称。
- `spring.groovy.template.resource-loader-path`
  模板路径(默认值:`classpath:/templates/`。)
- `spring.groovy.template.suffix`
  在构建URL时,添加到视图名称后的后缀。
- `spring.groovy.template.view-names`
  可解析的视图名称白名单。
- `spring.h2.console.enabled`
  开启控制台。(默认值:`false`。)
- `spring.h2.console.path`
  可以找到控制台的路径。(默认值:`/h2-console`。)
- `spring.hateoas.apply-to-primary-object-mapper`
  指定主`ObjectMapper`是否要应用HATEOAS支持。(默认值:`true`。)
- `spring.hornetq.embedded.cluster-password`
  集群密码。默认在启动时随机生成。
- `spring.hornetq.embedded.data-directory`
  日志文件目录。如果关闭了持久化功能则不需要该属性。
- `spring.hornetq.embedded.enabled`
  如果有HornetQ服务器API,则开启嵌入模式。(默认值:`true`。)
- `spring.hornetq.embedded.persistent`
  开启持久化存储。(默认值:`false`。)
- `spring.hornetq.embedded.queues`
  启动时要创建的队列列表,用逗号分隔。(默认值:`[]`。)
- `spring.hornetq.embedded.server-id`
  服务器ID。默认使用自增长计数器。(默认值:`0`。)
- `spring.hornetq.embedded.topics`
  启动时要创建的主题列表,用逗号分隔。(默认值:`[]`。)
- `spring.hornetq.host`
  HornetQ的主机。(默认值:`localhost`。)

- spring.hornetq.mode
  HornetQ的部署模式，默认为自动检测。可以显式地设置为native或embedded。
- spring.hornetq.port
  HornetQ的端口。（默认值：5445。）
- spring.http.converters.preferred-json-mapper
  HTTP消息转换时优先使用JSON映射器。
- spring.http.encoding.charset
  HTTP请求和响应的字符集。如果没有显式地指定Content-Type头，则将该属性值作为这个头的值。（默认值：UTF-8。）
- spring.http.encoding.enabled
  开启HTTP编码支持。（默认值：true。）
- spring.http.encoding.force
  强制将HTTP请求和响应编码为所配置的字符集。（默认值：true。）
- spring.jackson.date-format
  日期格式字符串（yyyy-MM-dd HH:mm:ss）或日期格式类的全限定类名。
- spring.jackson.deserialization
  影响Java对象反序列化的Jackson on/off特性。
- spring.jackson.generator
  用于生成器的Jackson on/off特性。
- spring.jackson.joda-date-time-format
  Joda日期时间格式字符串（yyyy-MM-dd HH:mm:ss）。如果没有配置，而date-format又配置了一个格式字符串的话，会将它作为降级配置。
- spring.jackson.locale
  用于格式化的地域值。
- spring.jackson.mapper
  Jackson的通用on/off特性。
- spring.jackson.parser
  用于解析器的Jackson on/off特性。
- spring.jackson.property-naming-strategy
  Jackson的PropertyNamingStrategy中的一个常量（CAMEL_CASE_TO_LOWER_CASE_WITH_UNDERSCORES）。也可以设置PropertyNamingStrategy的子类的全限定类名。
- spring.jackson.serialization
  影响Java对象序列化的Jackson on/off特性。
- spring.jackson.serialization-inclusion
  控制序列化时要包含哪些属性。可选择Jackson的JsonInclude.Include枚举里的某个值。

- spring.jackson.time-zone
  格式化日期时使用的时区。可以配置各种可识别的时区标识符，比如America/Los_Angeles或者GMT+10。
- spring.jersey.filter.order
  Jersey过滤器链的顺序。（默认值：0。）
- spring.jersey.init
  通过Servlet或过滤器传递给Jersey的初始化参数。
- spring.jersey.type
  Jersey集成类型。可以是servlet或者filter。
- spring.jms.jndi-name
  连接工厂的JNDI名字。设置了该属性，则优先于其他自动配置的连接工厂。
- spring.jms.listener.acknowledge-mode
  容器的应答模式（acknowledgment mode）。默认情况下，监听器使用自动应答。
- spring.jms.listener.auto-startup
  启动时自动启动容器。（默认值：true。）
- spring.jms.listener.concurrency
  并发消费者的数量下限。
- spring.jms.listener.max-concurrency
  并发消费者的数量上限。
- spring.jms.pub-sub-domain
  如果是主题而非队列，指明默认的目的地类型是否支持Pub/Sub。（默认值：false。）
- spring.jmx.default-domain
  JMX域名。
- spring.jmx.enabled
  将管理Bean发布到JMX域里。（默认值：true。）
- spring.jmx.server
  MBeanServer的Bean名称。（默认值：mbeanServer。）
- spring.jooq.sql-dialect
  在与配置的数据源通信时，JOOQ使用的SQLDialect，比如POSTGRES。
- spring.jpa.database
  要操作的目标数据库，默认自动检测。也可以通过databasePlatform属性进行设置。
- spring.jpa.database-platform
  要操作的目标数据库，默认自动检测。也可以通过Database枚举来设置。
- spring.jpa.generate-ddl
  启动时要初始化Schema。（默认值：false。）
- spring.jpa.hibernate.ddl-auto

DDL模式（`none`、`validate`、`update`、`create`和`create-drop`）。这是hibernate.hbm2ddl.auto属性的一个快捷方式。在使用嵌入式数据库时，默认为`create-drop`；其他情况下默认为`none`。

- `spring.jpa.hibernate.naming-strategy`
  Hibernate命名策略的全限定类名。

- `spring.jpa.open-in-view`
  注册`OpenEntityManagerInViewInterceptor`，在请求的整个处理过程中，将一个JPA `EntityManager`绑定到线程上。（默认值：`true`。）

- `spring.jpa.properties`
  JPA提供方要设置的额外原生属性。

- `spring.jpa.show-sql`
  在使用Bitronix Transaction Manager时打开SQL语句日志。（默认值：`false`。）

- `spring.jta.allow-multiple-lrc`
  在使用Bitronix Transaction Manager时，事务管理器是否应该允许一个事务涉及多个LRC资源。（默认值：`false`。）

- `spring.jta.asynchronous2-pc`
  在使用Bitronix Transaction Manager时，是否异步执行两阶段提交。（默认值：`false`。）

- `spring.jta.background-recovery-interval`
  在使用Bitronix Transaction Manager时，多久运行一次恢复过程，单位为分钟。（默认值：`1`。）

- `spring.jta.background-recovery-interval-seconds`
  在使用Bitronix Transaction Manager时，多久运行一次恢复过程，单位为秒。（默认值：`60`。）

- `spring.jta.current-node-only-recovery`
  在使用Bitronix Transaction Manager时，恢复是否要滤除不包含本JVM唯一ID的XID。（默认值：`true`。）

- `spring.jta.debug-zero-resource-transaction`
  在使用Bitronix Transaction Manager时，对于没有涉及任何资源的事务，是否要跟踪并记录它们的创建和提交调用栈。（默认值：`false`。）

- `spring.jta.default-transaction-timeout`
  在使用Bitronix Transaction Manager时，默认的事务超时时间，单位为秒。（默认值：`60`。）

- `spring.jta.disable-jmx`
  在使用Bitronix Transaction Manager时，是否要禁止注册JMX MBean。（默认值：`false`。）

- `spring.jta.enabled`
  开启JTA支持。（默认值：`true`。）

- `spring.jta.exception-analyzer`
  在使用Bitronix Transaction Manager时用到的异常分析器。设置为`null`时使用默认异常分析器,也可以设置自定义异常分析器的全限定类名。
- `spring.jta.filter-log-status`
在使用Bitronix Transaction Manager时,是否只记录必要的日志。开启该参数时能减少分段(fragment)空间用量,但调试更复杂了。(默认值:`false`。)
- `spring.jta.force-batching-enabled`
在使用Bitronix Transaction Manager时,是否批量输出至磁盘。禁用批处理会严重降低事务管理器的吞吐量。(默认值:`true`。)
- `spring.jta.forced-write-enabled`
在使用Bitronix Transaction Manager时,日志是否强制写到磁盘上。在生产环境里不要设置为`false`,因为不强制写到磁盘上无法保证完整性。(默认值:`true`。)
- `spring.jta.graceful-shutdown-interval`
在使用Bitronix Transaction Manager时,要关闭的话,事务管理器在放弃事务前最多等它多少秒。(默认值:`60`。)
- `spring.jta.jndi-transaction-synchronization-registry-name`
在使用Bitronix Transaction Manager时,事务同步注册表应该绑定到哪个JNDI下。(默认值:`java:comp/TransactionSynchronizationRegistry`。)
- `spring.jta.jndi-user-transaction-name`
在使用Bitronix Transaction Manager时,用户事务应该绑定到哪个JNDI下。(默认值:`java:comp/UserTransaction`。)
- `spring.jta.journal`
在使用Bitronix Transaction Manager时,要用的日志名。可以是`disk`、`null`或者全限定类名。(默认值:`disk`。)
- `spring.jta.log-dir`
事务日志目录。
- `spring.jta.log-part1-filename`
日志分段文件1的名称。(默认值:`btm1.tlog`。)
- `spring.jta.log-part2-filename`
日志分段文件2的名称。(默认值:`btm2.tlog`。)
- `spring.jta.max-log-size-in-mb`
在使用Bitronix Transaction Manager时,日志分段文件的最大兆数。日志越大,事务就被允许在未终结状态停留越长时间。但是,如果文件大小限制得太小,事务管理器在分段满了的时候就会暂停更长时间。(默认值:`2`。)
- `spring.jta.resource-configuration-filename`
Bitronix Transaction Manager的配置文件名。
- `spring.jta.server-id`
唯一标识Bitronix Transaction Manager实例的ID。

- spring.jta.skip-corrupted-logs
  是否跳过损坏的日志文件。（默认值：false。）
- spring.jta.transaction-manager-id
  事务管理器的唯一标识符。
- spring.jta.warn-about-zero-resource-transaction
  在使用Bitronix Transaction Manager时，是否要对执行时没有涉及任何资源的事务作出告警。（默认值：true。）
- spring.mail.default-encoding
  默认的MimeMessage编码。（默认值：UTF-8。）
- spring.mail.host
  SMTP服务器主机地址。
- spring.mail.jndi-name
  会话的JNDI名称。设置之后，该属性的优先级要高于其他邮件设置。
- spring.mail.password
  SMTP服务器的登录密码。
- spring.mail.port
  SMTP服务器的端口号。
- spring.mail.properties
  附加的JavaMail会话属性。
- spring.mail.protocol
  SMTP服务器用到的协议。（默认值：smtp。）
- spring.mail.test-connection
  在启动时测试邮件服务器是否可用。（默认值：false。）
- spring.mail.username
  SMTP服务器的登录用户名。
- spring.messages.basename
  逗号分隔的基本名称列表，都遵循ResourceBundle的惯例。本质上这就是一个全限定的Classpath位置，如果不包含包限定符（比如org.mypackage），就会从Classpath的根部开始解析。（默认值：messages。）
- spring.messages.cache-seconds
  加载的资源包文件的缓存失效时间，单位为秒。在设置为-1时，包会永远缓存。（默认值：-1。）
- spring.messages.encoding
  消息包的编码。（默认值：UTF-8。）
- spring.mobile.devicedelegatingviewresolver.enable-fallback
  开启降级解析支持。（默认值：false。）

- `spring.mobile.devicedelegatingviewresolver.enabled`
  开启设备视图解析器。（默认值：`false`。）
- `spring.mobile.devicedelegatingviewresolver.mobile-prefix`
  添加到移动设备视图名前的前缀。（默认值：`mobile/`。）
- `spring.mobile.devicedelegatingviewresolver.mobile-suffix`
  添加到移动设备视图名后的后缀。
- `spring.mobile.devicedelegatingviewresolver.normal-prefix`
  添加到普通设备视图名前的前缀。
- `spring.mobile.devicedelegatingviewresolver.normal-suffix`
  添加到普通设备视图名后的后缀。
- `spring.mobile.devicedelegatingviewresolver.tablet-prefix`
  添加到平板设备视图名前的前缀。（默认值：`tablet/`。）
- `spring.mobile.devicedelegatingviewresolver.tablet-suffix`
  添加到平板设备视图名后的后缀。
- `spring.mobile.sitepreference.enabled`
  开启`SitePreferenceHandler`。（默认值：`true`。）
- `spring.mongodb.embedded.features`
  要开启的特性列表，用逗号分隔。
- `spring.mongodb.embedded.version`
  要使用的Mongo版本。（默认值：`2.6.10`。）
- `spring.mustache.cache`
  开启模板缓存。
- `spring.mustache.charset`
  模板编码。
- `spring.mustache.check-template-location`
  检查模板位置是否存在。
- `spring.mustache.content-type`
  `Content-Type`的值。
- `spring.mustache.enabled`
  开启Mustache的MVC视图解析。
- `spring.mustache.prefix`
  添加到模板名前的前缀。（默认值：`classpath:/ templates/`。）
- `spring.mustache.suffix`
  添加到模板名后的后缀。（默认值：`.html`。）
- `spring.mustache.view-names`
  可解析的视图名称的白名单。

- `spring.mvc.async.request-timeout`
  异步请求处理超时前的等待时间（单位为毫秒）。如果没有设置该属性，则使用底层实现的默认超时时间，比如，Tomcat上使用Servlet 3时超时时间为10秒。
- `spring.mvc.date-format`
  要使用的日期格式（比如dd/MM/yyyy）。
- `spring.mvc.favicon.enabled`
  开启favicon.ico的解析。（默认值：true。）
- `spring.mvc.ignore-default-model-on-redirect`
  在重定向的场景下，是否要忽略"默认"模型对象的内容。（默认值：true。）
- `spring.mvc.locale`
  要使用的地域配置。
- `spring.mvc.message-codes-resolver-format`
  消息代码格式（`PREFIX_ERROR_CODE`、`POSTFIX_ERROR_CODE`）。
- `spring.mvc.view.prefix`
  Spring MVC视图前缀。
- `spring.mvc.view.suffix`
  Spring MVC视图后缀。
- `spring.rabbitmq.addresses`
  客户端应该连接的地址列表，用逗号分隔。
- `spring.rabbitmq.dynamic`
  创建一个`AmqpAdmin` Bean。（默认值：true。）
- `spring.rabbitmq.host`
  RabbitMQ主机地址。（默认值：localhost。）
- `spring.rabbitmq.listener.acknowledge-mode`
  容器的应答模式。
- `spring.rabbitmq.listener.auto-startup`
  启动时自动开启容器。（默认值：true。）
- `spring.rabbitmq.listener.concurrency`
  消费者的数量下限。
- `spring.rabbitmq.listener.max-concurrency`
  消费者的数量上限。
- `spring.rabbitmq.listener.prefetch`
  单个请求里要处理的消息数。该数值不应小于事务数（如果用到的话）。
- `spring.rabbitmq.listener.transaction-size`
  一个事务里要处理的消息数。为了保证效果，应该不大于预先获取的数量。
- `spring.rabbitmq.password`

进行身份验证的密码。

- `spring.rabbitmq.port`
  RabbitMQ端口。(默认值：`5672`。)
- `spring.rabbitmq.requested-heartbeat`
  请求心跳超时，单位为秒；`0`表示不启用心跳。
- `spring.rabbitmq.ssl.enabled`
  开启SSL支持。(默认值：`false`。)
- `spring.rabbitmq.ssl.key-store`
  持有SSL证书的KeyStore路径。
- `spring.rabbitmq.ssl.key-store-password`
  访问KeyStore的密码。
- `spring.rabbitmq.ssl.trust-store`
  持有SSL证书的TrustStore。
- `spring.rabbitmq.ssl.trust-store-password`
  访问TrustStore的密码。
- `spring.rabbitmq.username`
  进行身份验证的用户名。
- `spring.rabbitmq.virtual-host`
  在连接RabbitMQ时的虚拟主机。
- `spring.redis.database`
  连接工厂使用的数据库索引。(默认值：`0`。)
- `spring.redis.host`
  Redis服务器主机地址。(默认值：`localhost`。)
- `spring.redis.password`
  Redis服务器的登录密码。
- `spring.redis.pool.max-active`
  连接池在指定时间里能分配的最大连接数。负数表示无限制。(默认值：`8`。)
- `spring.redis.pool.max-idle`
  连接池里的最大空闲连接数。负数表示空闲连接数可以是无限大。(默认值：`8`。)
- `spring.redis.pool.max-wait`
  当连接池被耗尽时，分配连接的请求应该在抛出异常前被阻塞多长时间（单位为秒）。负数表示一直阻塞。(默认值：`-1`。)
- `spring.redis.pool.min-idle`
  连接池里要维持的最小空闲连接数。该属性只有在设置为正数时才有效。(默认值：`0`。)
- `spring.redis.port`
  Redis服务器端口。(默认值：`6379`。)

- `spring.redis.sentinel.master`
  Redis服务器的名字。
- `spring.redis.sentinel.nodes`
  形如"主机:端口"配对的列表,用逗号分隔。
- `spring.redis.timeout`
  连接超时时间,单位为秒。(默认值:`0`。)
- `spring.resources.add-mappings`
  开启默认资源处理。(默认值:`true`。)
- `spring.resources.cache-period`
  资源处理器对资源的缓存周期,单位为秒。
- `spring.resources.chain.cache`
  对资源链开启缓存。(默认值:`true`。)
- `spring.resources.chain.enabled`
  开启Spring资源处理链。(默认关闭的,除非至少开启了一个策略。)
- `spring.resources.chain.html-application-cache`
  开启HTML5应用程序缓存证明重写。(默认值:`false`。)
- `spring.resources.chain.strategy.content.enabled`
  开启内容版本策略。(默认值:`false`。)
- `spring.resources.chain.strategy.content.paths`
  要运用于版本策略的模式列表,用逗号分隔。(默认值:`[/**]`。)
- `spring.resources.chain.strategy.fixed.enabled`
  开启固定版本策略。(默认值:`false`。)
- `spring.resources.chain.strategy.fixed.paths`
  要运用于固定版本策略的模式列表,用逗号分隔。
- `spring.resources.chain.strategy.fixed.version`
  用于固定版本策略的版本字符串。
- `spring.resources.static-locations`
  静态资源位置。默认为`classpath:[/META-INF/resources/, /resources/, /static/, /public/]`加上`context:/`(Servlet上下文的根目录)。
- `spring.sendgrid.password`
  SendGrid密码。
- `spring.sendgrid.proxy.host`
  SendGrid代理主机地址。
- `spring.sendgrid.proxy.port`
  SendGrid代理端口。
- `spring.sendgrid.username`

SendGrid用户名。
- `spring.social.auto-connection-views`
  针对所支持的提供方开启连接状态视图。（默认值：`false`。）
- `spring.social.facebook.app-id`
  应用程序ID。
- `spring.social.facebook.app-secret`
  应用程序的密钥。
- `spring.social.linkedin.app-id`
  应用程序ID。
- `spring.social.linkedin.app-secret`
  应用程序的密钥。
- `spring.social.twitter.app-id`
  应用程序ID。
- `spring.social.twitter.app-secret`
  应用程序的密钥。
- `spring.thymeleaf.cache`
  开启模板缓存。（默认值：`true`。）
- `spring.thymeleaf.check-template-location`
  检查模板位置是否存在。（默认值：`true`。）
- `spring.thymeleaf.content-type`
  `Content-Type`的值。（默认值：`text/html`。）
- `spring.thymeleaf.enabled`
  开启MVC Thymeleaf视图解析。（默认值：`true`。）
- `spring.thymeleaf.encoding`
  模板编码。（默认值：`UTF-8`。）
- `spring.thymeleaf.excluded-view-names`
  要被排除在解析之外的视图名称列表，用逗号分隔。
- `spring.thymeleaf.mode`
  要运用于模板之上的模板模式。另见`StandardTemplate- ModeHandlers`。（默认值：`HTML5`。）
- `spring.thymeleaf.prefix`
  在构建URL时添加到视图名称前的前缀。（默认值：`classpath:/templates/`。）
- `spring.thymeleaf.suffix`
  在构建URL时添加到视图名称后的后缀。（默认值：`.html`。）
- `spring.thymeleaf.template-resolver-order`
  Thymeleaf模板解析器在解析器链中的顺序。默认情况下，它排在第一位。顺序从1开始，只有在定义了额外的`TemplateResolver` Bean时才需要设置这个属性。

- `spring.thymeleaf.view-names`
  可解析的视图名称列表,用逗号分隔。
- `spring.velocity.allow-request-override`
  `HttpServletRequest`的属性是否允许覆盖(隐藏)控制器生成的同名模型属性。
- `spring.velocity.allow-session-override`
  `HttpSession`的属性是否允许覆盖(隐藏)控制器生成的同名模型属性。
- `spring.velocity.cache`
  开启模板缓存。
- `spring.velocity.charset`
  模板编码。
- `spring.velocity.check-template-location`
  检查模板位置是否存在。
- `spring.velocity.content-type`
  `Content-Type`的值。
- `spring.velocity.date-tool-attribute`
  `DateTool`辅助对象在视图的Velocity上下文里呈现的名字。
- `spring.velocity.enabled`
  开启Velocity的MVC视图解析。
- `spring.velocity.expose-request-attributes`
  在模型合并到模板前,是否要把所有的请求属性添加到模型里。
- `spring.velocity.expose-session-attributes`
  在模型合并到模板前,是否要把所有的`HttpSession`属性添加到模型里。
- `spring.velocity.expose-spring-macro-helpers`
  是否发布供Spring宏程序库使用的`RequestContext`,并将其名命为`springMacro-RequestContext`。
- `spring.velocity.number-tool-attribute`
  `NumberTool`辅助对象在视图的Velocity上下文里呈现的名字。
- `spring.velocity.prefer-file-system-access`
  加载模板时优先通过文件系统访问。文件系统访问能够实时检测到模板变更。(默认值:true。)
- `spring.velocity.prefix`
  在构建URL时添加到视图名称前的前缀。
- `spring.velocity.properties`
  额外的Velocity属性。
- `spring.velocity.request-context-attribute`

所有视图里使用的Request- Context属性的名称。
- `spring.velocity.resource-loader-path`
  模板路径。(默认值:`classpath:/ templates/`。)
- `spring.velocity.suffix`
  在构建URL时添加到视图名称后的后缀。
- `spring.velocity.toolbox-config-location`
  Velocity Toolbox的配置位置,比如/WEB-INF/toolbox.xml。自动加载Velocity Tools工具定义文件,将所定义的全部工具发布到指定的作用域内。
- `spring.velocity.view-names`
  可解析的视图名称白名单。
- `spring.view.prefix`
  Spring MVC视图前缀。
- `spring.view.suffix`
  Spring MVC视图后缀。

附录 D Spring Boot依赖

无论在构建项目时使用的是Maven、Gradle还是Spring Boot CLI，Spring Boot都为Spring应用程序常用的很多库提供了依赖管理支持功能。表D-1列出了Spring Boot 1.3.0版本支持的所有库依赖。

在很多情况下，这些依赖都会通过某个Spring Boot起步依赖自动添加到项目和Classpath里（如附录A所述）。但是，如果你正在使用的起步依赖没有覆盖到某个库，而你需要使用这个库，那就得在Maven或Gradle的构建说明里显式地声明这个依赖。

举例来说，如果你的项目需要引入H2嵌入式数据库，那么你需要在Gradle里加入如下声明：

```
compile("com.h2database:h2")
```

在Maven里可以添加类似的声明：

```
<dependency>
  <groupId>com.h2database</groupId>
  <version>h2</version>
</dependency>
```

请注意，在这两种情况下，都不需要指定版本号，Spring Boot的依赖管理会替你处理这个问题的。但是，如果想覆盖Spring Boot选择的版本，你也可以显式地提供一个版本号。

如果在使用Spring Boot CLI运行应用程序，你可以在Groovy里像这样使用@Grab注解：

```
@Grab("h2")
```

在使用@Grab注解引入表D-1里的库时，你只需要指定Artifact ID就可以了。Spring Boot扩展了@Grab，让它可以推测出Group ID和版本号。

表D-1　Spring Boot 1.3.0所支持的库依赖

Group ID	Artifact ID	版本号
antlr	antlr	2.7.7
ch.qos.logback	logback-access	1.1.3
ch.qos.logback	logback-classic	1.1.3
com.atomikos	transactions-jdbc	3.9.3
com.atomikos	transactions-jms	3.9.3

(续)

Group ID	Artifact ID	版本号
com.atomikos	transactions-jta	3.9.3
com.fasterxml.jackson.core	jackson-annotations	2.6.3
com.fasterxml.jackson.core	jackson-core	2.6.3
com.fasterxml.jackson.core	jackson-databind	2.6.3
com.fasterxml.jackson.dataformat	jackson-dataformat-csv	2.6.3
com.fasterxml.jackson.dataformat	jackson-dataformat-xml	2.6.3
com.fasterxml.jackson.dataformat	jackson-dataformat-yaml	2.6.3
com.fasterxml.jackson.datatype	jackson-datatype-hibernate4	2.6.3
com.fasterxml.jackson.datatype	jackson-datatype-hibernate5	2.6.3
com.fasterxml.jackson.datatype	jackson-datatype-jdk7	2.6.3
com.fasterxml.jackson.datatype	jackson-datatype-jdk8	2.6.3
com.fasterxml.jackson.datatype	jackson-datatype-joda	2.6.3
com.fasterxml.jackson.datatype	jackson-datatype-jsr310	2.6.3
com.fasterxml.jackson.module	jackson-module-parameter-names	2.6.3
com.gemstone.gemfire	gemfire	8.1.0
com.github.mxab.thymeleaf.extras	thymeleaf-extras-data-attribute	1.3
com.google.code.gson	gson	2.3.1
com.googlecode.json-simple	json-simple	1.1.1
com.h2database	h2	1.4.190
com.hazelcast	hazelcast	3.5.3
com.hazelcast	hazelcast-spring	3.5.3
com.jayway.jsonpath	json-path	2.0.0
com.jayway.jsonpath	json-path-assert	2.0.0
com.samskivert	jmustache	1.11
com.sendgrid	sendgrid-java	2.2.2
com.sun.mail	javax.mail	1.5.4
com.timgroup	java-statsd-client	3.1.0
com.zaxxer	HikariCP	2.4.2
com.zaxxer	HikariCP-java6	2.3.12
commons-beanutils	commons-beanutils	1.9.2
commons-collections	commons-collections	3.2.1
commons-dbcp	commons-dbcp	1.4
commons-digester	commons-digester	2.1
commons-pool	commons-pool	1.6
de.flapdoodle.embed	de.flapdoodle.embed.mongo	1.50.0
io.dropwizard.metrics	metrics-core	3.1.2
io.dropwizard.metrics	metrics-ganglia	3.1.2

（续）

Group ID	Artifact ID	版本号
io.dropwizard.metrics	metrics-graphite	3.1.2
io.dropwizard.metrics	metrics-servlets	3.1.2
io.projectreactor	reactor-bus	2.0.7.RELEASE
io.projectreactor	reactor-core	2.0.7.RELEASE
io.projectreactor	reactor-groovy	2.0.7.RELEASE
io.projectreactor	reactor-groovy-extensions	2.0.7.RELEASE
io.projectreactor	reactor-logback	2.0.7.RELEASE
io.projectreactor	reactor-net	2.0.7.RELEASE
io.projectreactor	reactor-stream	2.0.7.RELEASE
io.projectreactor.spring	reactor-spring-context	2.0.6.RELEASE
io.projectreactor.spring	reactor-spring-core	2.0.6.RELEASE
io.projectreactor.spring	reactor-spring-messaging	2.0.6.RELEASE
io.projectreactor.spring	reactor-spring-webmvc	2.0.6.RELEASE
io.undertow	undertow-core	1.3.5.Final
io.undertow	undertow-servlet	1.3.5.Final
io.undertow	undertow-websockets-jsr	1.3.5.Final
javax.cache	cache-api	1.0.0
javax.jms	jms-api	1.1-rev-1
javax.mail	javax.mail-api	1.5.4
javax.servlet	javax.servlet-api	3.1.0
javax.servlet	jstl	1.2
javax.transaction	javax.transaction-api	1.2
jaxen	jaxen	1.1.6
joda-time	joda-time	2.8.2
junit	junit	4.12
log4j	log4j	1.2.17
mysql	mysql-connector-java	5.1.37
net.sf.ehcache	ehcache	2.10.1
net.sourceforge.nekohtml	nekohtml	1.9.22
nz.net.ultraq.thymeleaf	thymeleaf-layout-dialect	1.3.1
org.apache.activemq	activemq-amqp	5.12.1
org.apache.activemq	activemq-blueprint	5.12.1
org.apache.activemq	activemq-broker	5.12.1
org.apache.activemq	activemq-camel	5.12.1
org.apache.activemq	activemq-client	5.12.1
org.apache.activemq	activemq-console	5.12.1
org.apache.activemq	activemq-http	5.12.1
org.apache.activemq	activemq-jaas	5.12.1
org.apache.activemq	activemq-jdbc-store	5.12.1
org.apache.activemq	activemq-jms-pool	5.12.1
org.apache.activemq	activemq-kahadb-store	5.12.1

Group ID	Artifact ID	版本号
org.apache.activemq	activemq-karaf	5.12.1
org.apache.activemq	activemq-leveldb-store	5.12.1
org.apache.activemq	activemq-log4j-appender	5.12.1
org.apache.activemq	activemq-mqtt	5.12.1
org.apache.activemq	activemq-openwire-generator	5.12.1
org.apache.activemq	activemq-openwire-legacy	5.12.1
org.apache.activemq	activemq-osgi	5.12.1
org.apache.activemq	activemq-partition	5.12.1
org.apache.activemq	activemq-pool	5.12.1
org.apache.activemq	activemq-ra	5.12.1
org.apache.activemq	activemq-run	5.12.1
org.apache.activemq	activemq-runtime-config	5.12.1
org.apache.activemq	activemq-shiro	5.12.1
org.apache.activemq	activemq-spring	5.12.1
org.apache.activemq	activemq-stomp	5.12.1
org.apache.activemq	activemq-web	5.12.1
org.apache.activemq	artemis-jms-client	1.1.0
org.apache.activemq	artemis-jms-server	1.1.0
org.apache.commons	commons-dbcp2	2.1.1
org.apache.commons	commons-pool2	2.4.2
org.apache.derby	derby	10.12.1.1
org.apache.httpcomponents	httpasyncclient	4.1.1
org.apache.httpcomponents	httpclient	4.5.1
org.apache.httpcomponents	httpcore	4.4.4
org.apache.httpcomponents	httpmime	4.5.1
org.apache.logging.log4j	log4j-api	2.4.1
org.apache.logging.log4j	log4j-core	2.4.1
org.apache.logging.log4j	log4j-slf4j-impl	2.4.1
org.apache.solr	solr-solrj	4.10.4
org.apache.tomcat.embed	tomcat-embed-core	8.0.28
org.apache.tomcat.embed	tomcat-embed-el	8.0.28
org.apache.tomcat.embed	tomcat-embed-jasper	8.0.28
org.apache.tomcat.embed	tomcat-embed-logging-juli	8.0.28
org.apache.tomcat.embed	tomcat-embed-websocket	8.0.28
org.apache.tomcat	tomcat-jdbc	8.0.28
org.apache.tomcat	tomcat-jsp-api	8.0.28
org.apache.velocity	velocity	1.7
org.apache.velocity	velocity-tools	2.0
org.aspectj	aspectjrt	1.8.7
org.aspectj	aspectjtools	1.8.7
org.aspectj	aspectjweaver	1.8.7

（续）

Group ID	Artifact ID	版本号
org.codehaus.btm	btm	2.1.4
org.codehaus.groovy	groovy	2.4.4
org.codehaus.groovy	groovy-all	2.4.4
org.codehaus.groovy	groovy-ant	2.4.4
org.codehaus.groovy	groovy-bsf	2.4.4
org.codehaus.groovy	groovy-console	2.4.4
org.codehaus.groovy	groovy-docgenerator	2.4.4
org.codehaus.groovy	groovy-groovydoc	2.4.4
org.codehaus.groovy	groovy-groovysh	2.4.4
org.codehaus.groovy	groovy-jmx	2.4.4
org.codehaus.groovy	groovy-json	2.4.4
org.codehaus.groovy	groovy-jsr223	2.4.4
org.codehaus.groovy	groovy-nio	2.4.4
org.codehaus.groovy	groovy-servlet	2.4.4
org.codehaus.groovy	groovy-sql	2.4.4
org.codehaus.groovy	groovy-swing	2.4.4
org.codehaus.groovy	groovy-templates	2.4.4
org.codehaus.groovy	groovy-test	2.4.4
org.codehaus.groovy	groovy-testng	2.4.4
org.codehaus.groovy	groovy-xml	2.4.4
org.codehaus.janino	janino	2.7.8
org.crashub	crash.cli	1.3.2
org.crashub	crash.connectors.ssh	1.3.2
org.crashub	crash.connectors.telnet	1.3.2
org.crashub	crash.embed.spring	1.3.2
org.crashub	crash.plugins.cron	1.3.2
org.crashub	crash.plugins.mail	1.3.2
org.crashub	crash.shell	1.3.2
org.eclipse.jetty	jetty-annotations	9.2.14.v20151106
org.eclipse.jetty	jetty-continuation	9.2.14.v20151106
org.eclipse.jetty	jetty-deploy	9.2.14.v20151106
org.eclipse.jetty	jetty-http	9.2.14.v20151106
org.eclipse.jetty	jetty-io	9.2.14.v20151106
org.eclipse.jetty	jetty-jsp	9.2.14.v20151106
org.eclipse.jetty	jetty-jmx	9.2.14.v20151106
org.eclipse.jetty	jetty-plus	9.2.14.v20151106
org.eclipse.jetty	jetty-security	9.2.14.v20151106
org.eclipse.jetty	jetty-server	9.2.14.v20151106
org.eclipse.jetty	jetty-servlet	9.2.14.v20151106
org.eclipse.jetty	jetty-servlets	9.2.14.v20151106
org.eclipse.jetty	jetty-util	9.2.14.v20151106

(续)

Group ID	Artifact ID	版本号
org.eclipse.jetty	jetty-webapp	9.2.14.v20151106
org.eclipse.jetty	jetty-xml	9.2.14.v20151106
org.eclipse.jetty.orbit	javax.servlet.jsp	2.2.0.v201112011158
org.eclipse.jetty.websocket	javax-websocket-server-impl	9.2.14.v20151106
org.eclipse.jetty.websocket	websocket-server	9.2.14.v20151106
org.elasticsearch	elasticsearch	1.5.2
org.firebirdsql.jdbc	jaybird-jdk16	2.2.9
org.firebirdsql.jdbc	jaybird-jdk17	2.2.9
org.firebirdsql.jdbc	jaybird-jdk18	2.2.9
org.flywaydb	flyway-core	3.2.1
org.freemarker	freemarker	2.3.23
org.glassfish	javax.el	3.0.0
org.glassfish.jersey.containers	jersey-container-servlet	2.19
org.glassfish.jersey.containers	jersey-container-servlet-core	2.19
org.glassfish.jersey.core	jersey-server	2.22.1
org.glassfish.jersey.ext	jersey-bean-validation	2.22.1
org.glassfish.jersey.ext	jersey-spring3	2.22.1
org.glassfish.jersey.media	jersey-media-json-jackson	2.22.1
org.hamcrest	hamcrest-core	1.3
org.hamcrest	hamcrest-library	1.3
org.hibernate	hibernate-core	4.3.11.Final
org.hibernate	hibernate-ehcache	4.3.11.Final
org.hibernate	hibernate-entitymanager	4.3.11.Final
org.hibernate	hibernate-envers	4.3.11.Final
org.hibernate	hibernate-jpamodelgen	4.3.11.Final
org.hibernate	hibernate-validator	5.2.2.Final
org.hibernate	hibernate-validator-annotation-processor	5.2.2.Final
org.hornetq	hornetq-jms-client	2.4.7.Final
org.hornetq	hornetq-jms-server	2.4.7.Final
org.hsqldb	hsqldb	2.3.3
org.infinispan	infinispan-jcache	8.0.1.Final
org.infinispan	infinispan-spring4	8.0.1.Final
org.javassist	javassist	3.18.1-GA
org.jdom	jdom2	2.0.6
org.jolokia	jolokia-core	1.3.2
org.json	json	20140107
org.jooq	jooq	3.7.1
org.jooq	jooq-meta	3.7.1
org.jooq	jooq-codegen	3.7.1
org.liquibase	liquibase-core	3.4.1

（续）

Group ID	Artifact ID	版本号
org.mariadb.jdbc	mariadb-java-client	1.2.3
org.mockito	mockito-core	1.10.19
org.mongodb	mongo-java-driver	2.13.3
org.postgresql	postgresql	9.4-1205-jdbc41
org.skyscreamer	jsonassert	1.2.3
org.slf4j	jcl-over-slf4j	1.7.13
org.slf4j	jul-to-slf4j	1.7.13
org.slf4j	log4j-over-slf4j	1.7.13
org.slf4j	slf4j-api	1.7.13
org.slf4j	slf4j-jdk14	1.7.13
org.slf4j	slf4j-log4j12	1.7.13
org.slf4j	slf4j-simple	1.7.13
org.spockframework	spock-core	1.0-groovy-2.4
org.spockframework	spock-spring	1.0-groovy-2.4
org.springframework	spring-core	4.2.3.RELEASE
org.springframework	spring-framework-bom	4.2.3.RELEASE
org.springframework	springloaded	1.2.4.RELEASE
org.springframework.amqp	spring-amqp	1.5.2.RELEASE
org.springframework.amqp	spring-rabbit	1.5.2.RELEASE
org.springframework.batch	spring-batch-core	3.0.5.RELEASE
org.springframework.batch	spring-batch-infrastructure	3.0.5.RELEASE
org.springframework.batch	spring-batch-integration	3.0.5.RELEASE
org.springframework.batch	spring-batch-test	3.0.5.RELEASE
org.springframework.cloud	spring-cloud-cloudfoundry-connector	1.2.0.RELEASE
org.springframework.cloud	spring-cloud-core	1.2.0.RELEASE
org.springframework.cloud	spring-cloud-heroku-connector	1.2.0.RELEASE
org.springframework.cloud	spring-cloud-localconfig-connector	1.2.0.RELEASE
org.springframework.cloud	spring-cloud-spring-service-connector	1.2.0.RELEASE
org.springframework.data	spring-data-releasetrain	Gosling-SR1RELEASE
org.springframework.hateoas	spring-hateoas	0.19.0.RELEASE
org.springframework.integration	spring-integration-bom	4.2.1.RELEASE
org.springframework.integration	spring-integration-http	4.2.1.RELEASE
org.springframework.mobile	spring-mobile-device	1.1.5.RELEASE
org.springframework.plugin	spring-plugin-core	1.2.0.RELEASE
org.springframework.retry	spring-retry	1.1.2.RELEASE
org.springframework.security	spring-security-bom	4.0.3.RELEASE
org.springframework.security	spring-security-jwt	1.0.3.RELEASE
org.springframework.security.oauth	spring-security-oauth	2.0.8.RELEASE
org.springframework.security.oauth	spring-security-oauth2	2.0.8.RELEASE

（续）

Group ID	Artifact ID	版本号
org.springframework.session	spring-session	1.0.2.RELEASE
org.springframework.session	spring-session-data-redis	1.0.2.RELEASE
org.springframework.social	spring-social-config	1.1.3.RELEASE
org.springframework.social	spring-social-core	1.1.3.RELEASE
org.springframework.social	spring-social-security	1.1.3.RELEASE
org.springframework.social	spring-social-web	1.1.3.RELEASE
org.springframework.social	spring-social-facebook	2.0.2.RELEASE
org.springframework.social	spring-social-facebook-web	2.0.2.RELEASE
org.springframework.social	spring-social-linkedin	1.0.2.RELEASE
org.springframework.social	spring-social-twitter	1.1.2.RELEASE
org.springframework.ws	spring-ws-core	2.2.3.RELEASE
org.springframework.ws	spring-ws-security	2.2.3.RELEASE
org.springframework.ws	spring-ws-support	2.2.3.RELEASE
org.springframework.ws	spring-ws-test	2.2.3.RELEASE
org.thymeleaf	thymeleaf	2.1.4.RELEASE
org.thymeleaf	thymeleaf-spring4	2.1.4.RELEASE
org.thymeleaf.extras	thymeleaf-extras-conditionalcomments	2.1.1.RELEASE
org.thymeleaf.extras	thymeleaf-extras-springsecurity4	2.1.2.RELEASE
org.webjars	hal-browser	9f96c74
org.yaml	snakeyaml	1.16
redis.clients	jedis	2.7.3
wsdl4j	wsdl4j	1.6.3

延 展 阅 读

本书对Java 7和Java 8中影响性能的因素展开了全面深入的介绍，讲解传统上影响应用性能的JVM特征，包括即时编译器、垃圾收集、语言特征等。内容包括：用G1垃圾收集器最大化应用的吞吐量；使用Java飞行记录器查看性能细节，而不必借助专业的分析工具；堆内存与原生内存最佳实践；线程与同步的性能，以及数据库性能最佳实践等。

作者：Scott Oaks
书号：978-7-115-41376-5
定价：79.00 元

本书由曾任职于Oracle/Sun的性能优化专家编写，系统而详细地讲解了性能优化的各个方面，帮助你学习Java虚拟机的基本原理、掌握一些监控Java程序性能的工具，从而快速找到程序中的性能瓶颈，并有效改善程序的运行性能。

作者：Charlie Hunt, Binu John
书号：978-7-115-34297-3
定价：79.00 元

本书结构清晰、内容翔实，从实例入手，涵盖Java 8的主要新特性，包括Lambda表达式、方法引用、流、默认方法、Optional、CompletableFuture以及新的日期和时间API，是程序员了解Java 8新特性的终极指南。

作者：Raoul Gabriel Urma, Mario Fusco, Alan Mycroft
书号：978-7-115-41934-7
定价：79.00 元

本书旨在帮助有经验的Java程序员充分使用Java 7和Java 8的功能，但也可供Java开发新手学习。书中提供了大量示例，演示了如何充分利用现代API和开发过程中的最佳实践。这一版进行了全面更新。第一部分快速准确地介绍了Java编程语言和Java平台。第二部分讨论了核心概念和API，展示了如何在Java环境中解决实际的编程任务。

作者：Benjamin J. Evans, David Flanagan
书号：978-7-115-40609-5
定价：79.00 元